# Nilufarhan Hamrabaeva

## Avaliação do risco sísmico de instalações de produção perigosas

**Nilufarhan Hamrabaeva**

# Avaliação do risco sísmico de instalações de produção perigosas

## Abordagem metodológica e soluções técnicas

**ScienciaScripts**

**Imprint**

Any brand names and product names mentioned in this book are subject to trademark, brand or patent protection and are trademarks or registered trademarks of their respective holders. The use of brand names, product names, common names, trade names, product descriptions etc. even without a particular marking in this work is in no way to be construed to mean that such names may be regarded as unrestricted in respect of trademark and brand protection legislation and could thus be used by anyone.

Cover image: www.ingimage.com

This book is a translation from the original published under ISBN 978-620-5-51383-5.

Publisher:
Sciencia Scripts
is a trademark of
Dodo Books Indian Ocean Ltd. and OmniScriptum S.R.L publishing group

120 High Road, East Finchley, London, N2 9ED, United Kingdom
Str. Armeneasca 28/1, office 1, Chisinau MD-2012, Republic of Moldova, Europe
Printed at: see last page
**ISBN: 978-620-5-64263-4**

**Ministério do Ensino Superior e Secundário**

**Instituto de Arquitectura e Construção de Tashkent**

**Khamrabayeva Nilufarkhan Azizovna**

# MONOGRAFIA

**Desenvolvimento de uma abordagem metodológica e soluções técnicas para a avaliação do risco sísmico de instalações de produção perigosas**

**Tashkent - 2022**

UDC 622.1.\7

LBC 68.53

Aprovada pela Decisão nº 1 do Conselho Científico TASI de 10.09.2022


**Khamrabaeva N.A. Desenvolvimento de abordagem metodológica e soluções técnicas para a avaliação do risco sísmico de instalações de produção perigosas. Monografia. - Saarbrücken (Alemanha). Lambert Academic Publishing, TASI, 2022, - 111 p.**


A monografia foi concebida para melhorar a eficácia da avaliação do risco e contém métodos de análise e avaliação do risco aplicáveis a várias instalações de produção perigosas, bem como exemplos da utilização das abordagens e métodos considerados.

A monografia centra-se no processo de gestão de risco, no desenvolvimento de documentos de avaliação de risco, bem como no desenvolvimento de normas, especificações e outros documentos regulamentares para a gestão de risco em instalações de produção perigosas.

## Especialidades:

**05.10.02:** Segurança em situações de emergência. Incêndio, Industrial, Nuclear e Segurança contra Radiações.

## Direcção:

**05.10.02:** Segurança em situações de emergência. Segurança contra incêndios, industrial, nuclear e radiações.

## Palavras-chave

Riscos de segurança, processo, riscos em instalações industriais, perigos, garantia de segurança, mecanismos e técnicas de segurança, efeitos sísmicos, segurança sísmica.

# Índice

# RECENTEMENTE

Monografia **de** Khamrabayeva Nilufarkhan Azizovna "Desenvolvimento de uma abordagem metodológica e soluções técnicas para avaliar o risco sísmico de instalações de produção perigosas

Política do Estado no domínio da segurança ambiental e industrial e novos conceitos para garantir a segurança e processos de produção sem acidentes em instalações económicas, ditados pela Lei "Sobre Segurança Industrial de Instalações de Produção Perigosas" de 28.09.2006, No. Lei n.º ZRU-57, Lei n.º 120-II de 31 de Agosto de 2000 sobre a Segurança da Radiação da População, Lei n.º ZRU- 393 de 26 de Agosto de 2015 sobre o Bem-Estar Sanitário e Epidemiológico da População, Lei n.º 754 -XII de 9 de Dezembro de 1992 sobre a Utilização da Energia Atómica, prevê principalmente a avaliação objectiva dos perigos e permite delinear formas de os combater.

A segurança ambiental e tecnológica é um estado de realidade em que a ocorrência de um perigo é excluída com uma certa probabilidade. Uma situação perigosa ocorre quando uma pessoa se encontra numa área perigosa, ou seja, num espaço onde os perigos devidos a factores perigosos ou prejudiciais ocorrem de forma contínua, periódica ou episódica. Situações perigosas são realizadas devido a uma combinação de razões que causam o impacto de factores perigosos e/ou prejudiciais sobre uma pessoa, resultando em danos graduais ou instantâneos para a sua saúde.

O material apresentado nesta monografia é oportuno e será útil aos estudiosos que trabalham na área da segurança de sistemas complexos. Recomenda-se que esta monografia seja publicada no domínio público.

Revisor:

Professor, Universidade de Tashkent
estado técnico
Universidade Dr. de Tecnologia, Professor, Departamento de
"Segurança da vida"
I.A. Suleymanov, A.A. Karimov I.A. Suleimanov A.A.

# RECENTEMENTE

**Monografia de Khamrabayeva** Nilufarkhan Azizovna "Desenvolvimento
de uma abordagem metodológica e soluções técnicas para avaliar o risco
sísmico de instalações de produção perigosas

De acordo com o Secretário-Geral da ONU, os danos causados por catástrofes provocadas pelo homem triplicaram nos últimos 30 anos, atingindo 200 mil milhões de dólares por ano. Na Rússia, os danos materiais anuais acumulados causados por catástrofes provocadas pelo homem estão estimados em 200 mil milhões de dólares por ano. Na Rússia, o total anual de danos materiais resultantes de acidentes provocados pelo homem, incluindo os custos da sua eliminação, excede os 40 mil milhões de rublos. A emergência (ES) é um conjunto de eventos e perigos, violando subitamente as condições de vida existentes, ameaçando a vida e a saúde das pessoas, o seu ambiente, elementos da tecnosfera. Emergência tecnogénica (Technogenic ES) - um estado em que, como resultado da ocorrência de emergência tecnológica - uma condição que resulta na emergência de uma fonte de emergência tecnológica numa instalação, num determinado território ou numa área de água que perturba as condições normais de vida e actividade das pessoas, põe em perigo a sua vida e saúde, prejudica a propriedade da população, a economia nacional e o ambiente natural.

Cada emergência pode ser vista como uma situação perigosa em grande escala que ameaça simultaneamente um grande número de pessoas e instalações da tecnosfera. As fases de origem e desenvolvimento de uma emergência são geralmente latentes e estão associadas a uma acumulação de potencial destrutivo. Na fase culminante, uma multitude de factores perigosos e prejudiciais combinam-se para formar um ou mais factores prejudiciais.

As emergências (ES) surgem tanto de acidentes naturais como de acidentes provocados pelo homem. As situações de emergência são mais comuns nas indústrias do carvão, mineração, química, petróleo e gás, metalúrgica e dos transportes. As emergências em ambientes industriais e domésticos estão frequentemente associadas à despressurização de sistemas pressurizados (cilindros e tanques para armazenamento ou transporte de gases comprimidos, liquefeitos e dissolvidos, condutas de gás e água, sistemas de fornecimento de calor, etc.).

A monografia destina-se aos trabalhadores do sector "Segurança da Vida", bem como a professores universitários, mestres, peritos, engenheiros de segurança e investigadores. Por conseguinte, esta monografia deve ser publicada no domínio público.

**Revisor:**

**Professor, Universidade de Arquitectura e Engenharia de Tashkent do Instituto de Engenharia Civil Doutor em Química, Professor do Departamento de Materiais de Construção e Química Mukhamedgaliev B.A.**

# Introdução

A gestão do risco é o processo de adopção e implementação de decisões de gestão destinadas a reduzir a probabilidade de um resultado adverso e a minimizar as perdas potenciais causadas pela sua realização.

O principal objectivo da gestão de riscos de infra-estruturas é alcançar e manter um nível aceitável de segurança em instalações de produção perigosas.

A gestão de riscos numa instalação de produção perigosa (HPF) deve ser efectuada em estrita conformidade com os requisitos das normas nacionais de gestão de riscos.

Deve ser utilizada uma metodologia para gerir eficazmente os riscos em HSE, que visa

– para identificar o risco e avaliar a probabilidade da sua ocorrência e a escala das suas consequências;

– para determinar a perda máxima possível;

– sobre a escolha de métodos e ferramentas para a gestão do risco identificado;

– desenvolver uma estratégia de gestão do risco para reduzir a probabilidade de materialização do risco e minimizar as possíveis consequências negativas;

– para implementar uma estratégia de gestão de risco;

– para avaliar os resultados alcançados e ajustar a estratégia de gestão do risco.

Ao desenvolver e implementar conceitos, estratégias, programas e regulamentos para o desenvolvimento técnico e tecnológico de uma instalação de produção perigosa, é útil considerar dois aspectos principais:

– eficiência preditiva das operações de transporte ferroviário em todas as fases do ciclo de vida;

– os cálculos de risco operacional associados.

O desempenho real será determinado pela diferença entre o efeito económico esperado resultante da implementação das actividades planeadas e possíveis perdas (riscos). Esta abordagem de avaliação quantitativa do desenvolvimento técnico e tecnológico da RSE não tem sido sistematicamente utilizada antes.

Cada uma das fases dos processos adversos pode ser caracterizada por riscos como indicadores quantitativos da possível manifestação de perigos.

Assim, tendo em conta possíveis riscos, os principais programas e actividades empreendidos (formação de estratégias, conceitos, planos de reforma, desenvolvimento de infra-estruturas) devem ser avaliados, tanto o nível de efeitos positivos como o nível de riscos para cada fase de implementação das actividades planeadas.

Obviamente, os riscos são inerentes não só à vida humana, mas também às actividades das organizações, empresas, territórios, edifícios - quaisquer processos e sistemas. Contudo, ao contrário de uma pessoa que pensa, todas estas entidades não têm mecanismos de auto-regulação, razão e senso comum, e, além disso, quanto mais complexo for o sistema ou processo, mais riscos são inerentes e mais difícil é construir um esquema para gerir tais riscos. Um adulto, como membro individual da espécie homo sapiens, é largamente responsável por si próprio, mas se ele for o chefe de uma grande estrutura organizacional ou um especialista responsável pelo funcionamento de um sistema ou processo, se ele tiver o dever de tomar decisões que não sejam apenas suas, então ele não pode evitar gerir os riscos envolvidos.

# CAPÍTULO 1. METODOLOGIA PARA A AVALIAÇÃO DOS RISCOS DE INSTALAÇÕES E INFRA-ESTRUTURAS DE PRODUÇÃO PERIGOSAS

## 1.1 Metodologia do processo de gestão do risco

Ao lidar com questões complexas de segurança nos países desenvolvidos, é amplamente utilizada uma metodologia de processo de gestão de risco, baseada na determinação da frequência (probabilidade) e consequências de eventos indesejáveis.

A combinação de duas condições - a possibilidade da ocorrência de um acontecimento indesejável e a susceptibilidade de um objecto à sua influência - é uma base suficiente para reconhecer a existência de risco.

Com base numa revisão da investigação sobre a gestão do risco, tendo em conta os requisitos actuais, a metodologia de gestão do risco deve cumprir os seguintes princípios:

– a decisão de risco deve ser economicamente sólida e não deve ter um impacto negativo no desempenho financeiro e económico da organização de transporte ferroviário;

– Os riscos devem ser geridos como parte da estratégia empresarial da instalação de produção perigosa (HPF);

– Na gestão do risco, as decisões devem basear-se na quantidade certa de informação fiável;

– na gestão dos riscos, as decisões tomadas devem ter em conta as características objectivas do ambiente em que a organização de transporte ferroviário opera;

– A gestão dos riscos deve ser sistemática;

– A gestão do risco deve envolver uma revisão contínua da eficácia das decisões tomadas e um ajustamento imediato do conjunto de princípios e métodos de gestão do risco utilizados.

O processo de gestão do risco [1] é ilustrado na Figura 1.1.

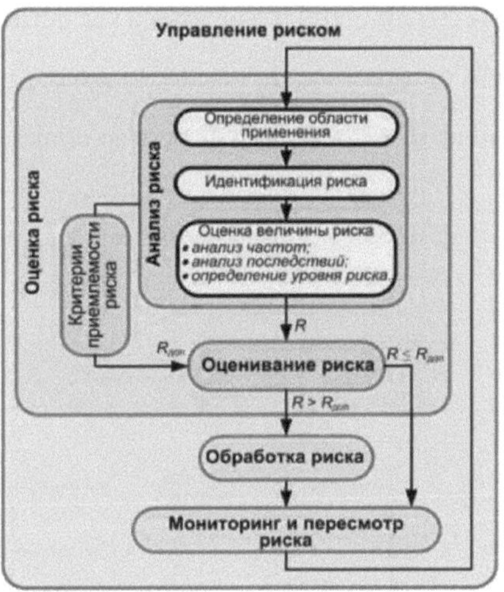


onde $R$ é o nível de risco, $R_{доп}$ é o nível de risco aceitável.

**Figura 1.1 - Processo de gestão de risco**

É importante documentar as fases individuais do processo de gestão do risco. É importante documentar a fase de avaliação dos riscos, geralmente sob a forma de um relatório de avaliação dos riscos. A documentação da avaliação do risco permite que a informação acumulada seja utilizada mais tarde para o tratamento do risco, custos de redução do risco, e uma série de outros factores.

A essência de cada etapa da gestão do risco envolve a aplicação de diferentes métodos. Estes métodos estão organizados num processo passo-a-passo para implementar a gestão do risco.

Os princípios metodológicos para organizar o processo de gestão do risco baseiam-se na implementação sequencial de passos, procedimentos e procedimentos individuais, utilizando abordagens, métodos, tecnologias conhecidas e aplicadas na prática, informação disponível sobre condições externas e internas e o objecto ou processo a ser gerido.

A repartição do processo de gestão do risco em blocos de construção (etapas, procedimentos e processos), de acordo com a Figura 1.1, é mostrada no Quadro 1.1.

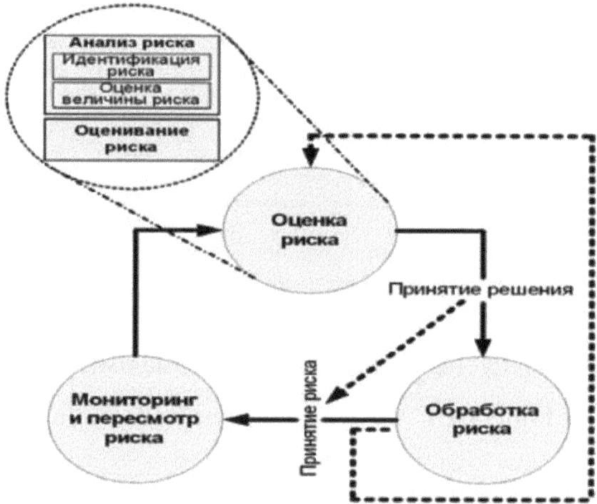



Figura 1.1 - Subdividir o processo de gestão de risco em blocos de construção

Na fase de avaliação do risco, os perigos são identificados, a magnitude do risco é avaliada e comparada (quando avaliada) com os limiares estabelecidos definidos pelos critérios de risco. Após a avaliação do risco, é tomada a decisão de aceitar ou não o risco. Se o risco não for aceite, é efectuado um tratamento para o reduzir. Se o valor de risco residual (após tratamento) não puder ser aceite, as etapas de "avaliação de risco" e "tratamento de risco" (ou apenas a etapa de "tratamento de risco") são repetidas.

Quadro 1.1 Elementos estruturais do processo de gestão do risco

| | Fases | Procedimentos | Passos | |
|---|---|---|---|---|
| **Gestão de risco** | 1. avaliação de risco | 1.1 Análise de risco | 1.1.1 Definindo o campo de aplicação | |
| | | | 1.1.2 Identificação do risco | |
| | | | 1.1.3 Avaliação dos riscos | a) Análise de frequência |
| | | | | b) Análise de impacto |
| | | | | c) Determinação do nível de risco |
| | | 1.2 Avaliação dos riscos | | |
| | 2. gestão do risco | | | |
| | 3. controlo e revisão dos riscos | | | |

A relação entre as principais fases da gestão do risco é ilustrada na Figura 1.2.

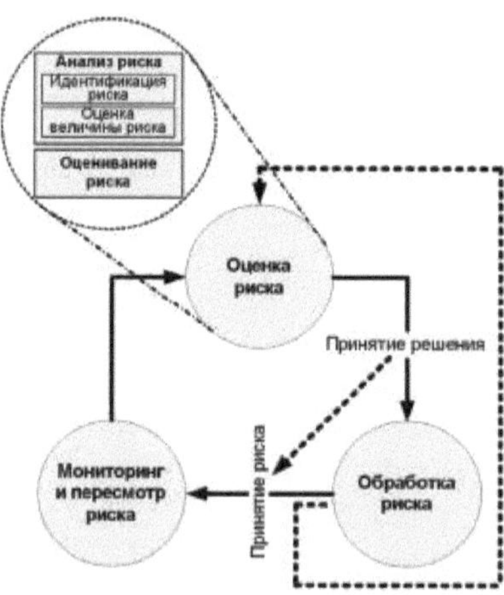


Figura 1.2 - Relação entre as fases de gestão do risco

14

O passo básico para moldar a estratégia de gestão do risco é **a fase de avaliação do risco**.

A parte principal da fase de avaliação do risco é o procedimento de **análise de risco**, que tem um lugar especial no processo de gestão do risco e determina a eficácia da redução do risco.

A ligação esquemática entre a análise de risco e a redução do risco é bastante simples e é mostrada na Figura 1.3.

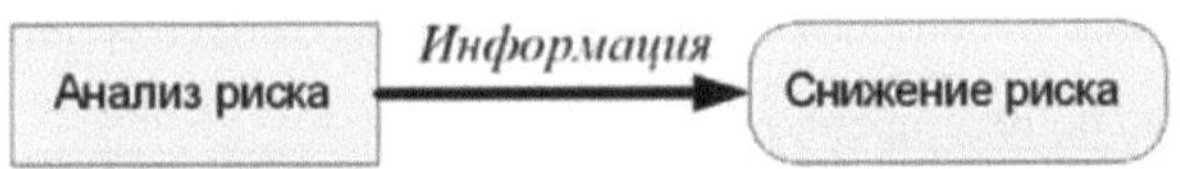


Figura 1.3 - Relação entre análise e redução de risco

Em diferentes fases da infra-estrutura e do ciclo de vida do material circulante, os objectivos específicos da análise de risco podem variar. Na fase de pré-concepção ou concepção, o objectivo da análise de risco pode ser:

– identificar os perigos e avaliar a magnitude do risco, tendo em conta o impacto dos factores de influência no pessoal, no público, nas instalações físicas e no ambiente;

– Consideração dos resultados na análise da aceitabilidade das soluções propostas e selecção das melhores opções para a localização do equipamento, da instalação, tendo em conta as características do ambiente;

– fornecer informações para o desenvolvimento de instruções, procedimentos c planos para lidar com situações perigosas;

– avaliação das diferentes opções de concepção e desenvolvimento de propostas. Na fase operacional e de remodelação, o objectivo da análise de risco pode ser

15

– comparação das condições de funcionamento da instalação com os requisitos de segurança relevantes;

– esclarecimento de informações sobre os principais perigos;

– Fazer recomendações para justificar ou modificar requisitos regulamentares, questões de licenciamento, determinar a frequência das inspecções de condições, inspecções de segurança, etc;

– Melhoria dos manuais de operação e manutenção, planos de localização de perigo;

– Avaliar o efeito das mudanças na estrutura organizacional, práticas e manutenção no desempenho da segurança.

Durante a fase de desmantelamento (ou comissionamento), o objectivo da análise de risco pode ser

– identificar os perigos e avaliar as suas consequências;

– fornecer informações para desenvolver ou refinar instruções de desmantelamento (ou comissionamento).

A fim de identificar os perigos e avaliar as suas consequências, é geralmente realizada uma decomposição da situação perigosa. Um exemplo de uma decomposição é mostrado na Figura 1.4.

Figura 1.4 - Decomposição de uma situação perigosa

A decomposição dos perigos avalia o grau e a natureza do impacto de cada perigo nas pessoas, no ambiente, nas infra-estruturas e no material circulante, bem como nos processos tecnológicos.

As actividades da empresa devem ser realizadas de modo a que os possíveis riscos na sua implementação sejam inferiores ao nível de riscos aceitáveis, que são racionados antecipadamente com base no conceito global (objectivo) das actividades específicas, incluindo o efeito económico final esperado.

Os níveis de riscos aceitáveis são determinados e atribuídos pelos órgãos de gestão do HSE tendo em conta as capacidades científicas, técnicas e económicas. O planeamento óptimo do desenvolvimento técnico e tecnológico do PE é assegurar o maior excesso de benefícios (resultado positivo) das actividades planeadas sobre os possíveis danos na sua implementação.

Ao avaliar a eficácia das actividades planeadas em relação aos parâmetros de risco, é necessário

– previsão de eventos adversos, justificação científica das avaliações de risco na implementação das actividades planeadas, tanto individual como holisticamente;

– Justificação científica para avaliações críticas (inaceitáveis) de risco;

– estabelecer níveis de riscos aceitáveis, que são decididos pelos órgãos de gestão de forma pericial ou decisória, com base na tarefa em questão;

– gerir o desenvolvimento técnico e tecnológico com a segurança em mente, de acordo com critérios de risco.

O objectivo final da implementação da metodologia em consideração é criar uma oportunidade para prever, planear e gerir o desenvolvimento da empresa utilizando novas abordagens para a avaliação quantitativa de riscos diferenciados (para as instalações individuais do HSE), integrais (para as estruturas básicas do HSE), complexos (para a reforma e funcionamento do HSE) e estratégicos.

A análise dos riscos durante a execução das actividades, a sua avaliação e comparação com os níveis admissíveis permitirá decidir razoavelmente, utilizando indicadores quantitativos, sobre a permissibilidade ou, pelo contrário, sobre a inadmissibilidade da execução de certos projectos, sobre a direcção das suas revisões e ajustamentos conducentes à mitigação dos riscos.

São indicadores universais para expressar riscos diferenciados ou integrais, integrados e estratégicos na prática:

– danos para a vida e saúde dos participantes no processo de transporte e de terceiros;

– o equivalente económico dos acontecimentos adversos em locais perigosos.

A fim de melhorar a segurança e a eficiência operacional da infra-estrutura de HSE, devem ser implementados programas específicos de mitigação de riscos, com custos dependentes da magnitude dos riscos.

Tanto os cenários comuns (optimista, inercial e pessimista) como os cenários seguintes devem ser considerados na análise de segurança funcional da infra-estrutura e do material circulante:

– funcionamento da instalação em condições normais (situações normais);

– o funcionamento da instalação com desvios aceitáveis em relação às condições normais, com um regresso à condição inicial;

– O funcionamento de uma instalação com desvios em relação às condições normais, causados por acontecimentos adversos e que exigem medidas especiais para regressar ao seu estado original;

– funcionamento da instalação com desvios das condições normais causados por "situações fora de projecto", quando as decisões tomadas, actividades ou processos têm de ser revistos, e a instalação tem de ser mudada para um novo estado com um determinado nível de vulnerabilidade (resistência ao impacto de eventos adversos);

– funcionamento da instalação em condições hipotéticas com eventos adversos que se desenvolvem nos piores (graves) cenários de implementação com factores desencadeantes imprevistos que impedem a implementação de actividades ou processos relacionados com o funcionamento da instalação.

De acordo com a legislação, as infra-estruturas estão condicionalmente divididas nas seguintes categorias, de acordo com o seu nível de risco, complexidade técnica, perigo potencial e importância funcional:

– objectos de regulamentação técnica; - instalações de produção perigosas;

– instalações críticas.

Em todos os casos de análise de risco para cada uma das categorias de instalações acima referidas, deve ser assumido um sistema de três componentes da sua interacção com factores ambientais externos:

– o factor social (interacção humana);

– factor tecnogénico (interacção com o processo de produção);

– o factor natural (interacção com o ambiente).

Na prática, na avaliação dos riscos, a realização dos perigos é frequentemente avaliada pela libertação descontrolada (propagação) dos principais factores letais, que incluem energia, matéria, informação e outros.

A seguir serão abordadas as fases, procedimentos e passos do processo de gestão do risco e os seus métodos correspondentes. Os objectivos da avaliação dos riscos são:

– obter informação de base fiável; - efectuar a análise necessária;

– tomar decisões informadas ao avaliar os riscos;

– formando os dados de base para uma maior selecção de soluções de tratamento de risco óptimo.

A fase de avaliação de risco inclui os seguintes procedimentos:

– análise de risco;

– avaliação de risco.

A análise de risco, por sua vez, consiste nos seguintes passos:

– definição da área de aplicação;

– identificação do risco;

– uma avaliação da magnitude do risco.

Avaliar a magnitude do risco implica analisar frequências (ou probabilidades), analisar as consequências e determinar o nível de risco.

Também na fase de avaliação do risco, podem ser estabelecidos critérios de risco aceitáveis se não tiverem sido previamente definidos (por exemplo, rigorosamente estabelecidos na documentação regulamentar).

No processo de definição do âmbito da análise de risco, é necessário

– declarar as razões e os problemas que levaram à necessidade de uma análise de risco;

– Definir o tema da avaliação do risco e descrevê-lo;

– seleccionar especialistas adequados para realizar a análise de risco;

– estabelecer as fontes de informação sobre a segurança do objecto de avaliação do risco;

– declarar os dados de base e as restrições que condicionam o âmbito da avaliação do risco;

– definir claramente as metas e objectivos da análise de risco;

– justificar os métodos de análise de risco utilizados;

– definir antecipadamente os critérios de risco aceitável.

A definição do âmbito da análise de risco é realizada através do exame das propriedades do objecto de avaliação de risco - humano, ambiental ou infra-estrutura e material circulante, análise dos principais indicadores do objecto, condições internas e externas, bem como outros dados de entrada.

O principal objectivo do estudo do objecto de avaliação de risco é identificar fontes e métodos de utilização da informação sobre o objecto.

Cada evento indesejável pode ocorrer em relação a um determinado objecto de risco. É feita uma distinção entre riscos individuais, técnicos, ambientais, sociais e económicos. Cada tipo é impulsionado por fontes e factores de risco característicos, cuja classificação e caracterização são mostrados no Quadro 1.2.

Quadro 1.2 - Classificação e caracterização dos riscos

| Tipo de risco | Exposição ao risco | Fonte de risco | Um evento indesejável |
|---|---|---|---|
| Individual | O homem | A condição humana | Doença, ferimento, incapacidade, morte |
| Técnico | Sistemas e instalações técnicas | Insuficiências técnicas, violação das regras de funcionamento dos sistemas e instalações técnicas | Acidente, explosão, desastre, fogo, destruição |
| Ambiental | Ambiental Sistemas | Interferência antropogénica com o ambiente natural, emergências provocadas pelo homem | Catástrofes ambientais antropogénicas, catástrofes naturais |
| Social | Grupos sociais | Emergência, qualidade de vida reduzida | Lesões de grupo, doenças, fatalidades, aumento do número de mortes |
| Económico | Recursos materiais | Aumento da produção ou riscos ambientais | Aumento dos custos de segurança, danos causados por segurança insuficiente |

Para determinar o âmbito da avaliação do risco, são realizadas as seguintes etapas:

(a) Uma descrição das razões e questões que motivaram a análise de risco, incluindo

1) formulando as metas e objectivos da análise de risco;

2) Definição de critérios para a falha da infra-estrutura e do material circulante;

b) é elaborada uma descrição do objecto de avaliação dos riscos (pessoa, ambiente, infra-estrutura e material circulante), incluindo

1) Uma descrição geral do objecto da avaliação do risco;

2) Definição de fronteiras e áreas de contacto com infra-estruturas e material circulante adjacentes;

3) uma descrição das condições externas (condições ambientais);

4) Identificação das condições internas (condições de exploração e estados da infra-estrutura e do material circulante aos quais se aplica a avaliação de risco e as limitações associadas);

c) os pressupostos e hipóteses são registados;

d) a formulação das decisões que podem ser tomadas, a descrição dos resultados necessários dos estudos e dos decisores é desenvolvida.

## 1.2 Identificação do risco

A fase de identificação do risco identifica uma lista de eventos adversos cuja ocorrência é, em primeiro lugar, realista e, em segundo lugar, susceptível de degradar a qualidade do ambiente e causar danos aos seres humanos ou à infra-estrutura e ao material circulante.

O procedimento para realizar a identificação do risco é mostrado na Figura 1.5.

Figura 1.5 - Realização da identificação do risco

Na fase inicial de identificação, é efectuada uma análise preliminar dos perigos para identificar e descrever sistemas, subsistemas e componentes perigosos da instalação, bem como outras fontes de perigos.

Os resultados da análise preliminar de perigos e a aplicação de métodos de identificação de perigos permitem determinar quais os componentes, subsistemas, sistemas ou processos que requerem uma análise mais séria e quais os que têm menos interesse.

O resultado da identificação do risco é uma lista de eventos indesejáveis que levam a um acidente ou outras consequências indesejáveis. Como resultado da identificação do risco, são determinadas outras acções para a análise de risco:

– a decisão de descontinuar a análise de risco devido à insignificância dos perigos;

– a decisão de realizar uma análise de risco mais detalhada;

– fazer recomendações para reduzir ou eliminar os perigos. Podem ser utilizados diferentes métodos para identificar riscos: estatísticos, analíticos, periciais, métodos de analogia e outros.

A avaliação do risco é a determinação da magnitude (medida) do risco para a saúde humana, o ambiente e a propriedade em situações que envolvam a realização de um perigo. A avaliação de risco é uma parte obrigatória da análise de risco e inclui análise de frequência, análise das consequências e suas combinações, e determinação do nível de risco.

Por definição, a avaliação da magnitude do risco envolve uma análise da frequência e uma análise das consequências. No entanto, quando as consequências são pequenas e a frequência é extremamente baixa, é suficiente estimar um destes parâmetros.

O objectivo da análise de frequência é determinar a frequência de ocorrência de cada um dos eventos indesejáveis ou cenários de acidente identificados na fase de identificação do risco.

As frequências dos eventos podem ser especificadas tanto qualitativa como quantitativamente (como um intervalo de valores de frequência numérica).

Os seguintes métodos são utilizados para determinar a frequência de ocorrência de um evento:

– estimar a frequência com que um determinado evento ocorreu no passado com base em dados estatísticos (dados acumulados durante um período de funcionamento da infra-estrutura ou do material circulante em questão, estatísticas sobre acidentes de transporte e outros eventos, etc.) e prever a frequência com que o evento irá ocorrer no futuro;

– Uma estimativa da frequência de ocorrência de um determinado evento com base em dados sobre falhas das instalações técnicas ocorridas durante um determinado período de tempo por unidade de trabalho operacional para cada economia de transporte ferroviário;

– Previsão de frequências de eventos utilizando Análise de Árvore de Falhas (FTA) e Análise de Árvore de Eventos (ETA);

– avaliação baseada no julgamento de peritos. Qualquer informação disponível sobre a infra-estrutura ou o material circulante: estatística, experimental, concepção, etc., deve ser tida em conta na realização de avaliações por peritos.

Existem métodos para obter avaliações de peritos que eliminam a ambiguidade, tais como o método Delphi, a correspondência entre pares, a classificação de grupos de risco e outros.

As estimativas de frequência de eventos resultantes estão correlacionadas com níveis de frequência definidos. O número de níveis de frequência a utilizar e as suas características são determinados pela gestão da organização de transporte ferroviário, de acordo com as condições específicas.

Os níveis típicos de frequência (probabilidade) de um evento perigoso e uma descrição de cada nível são mostrados no Quadro 1.3, onde expressões numéricas de frequências são dadas como exemplo.

A análise de frequência produz dados sobre a frequência de um evento perigoso, classificados de acordo com os níveis de frequência especificados para esse evento.

**A análise das consequências** envolve a avaliação dos resultados do impacto de um evento indesejável nas pessoas, bens e no ambiente.

A análise das consequências pode ser realizada quer como uma simples descrição dos resultados utilizando métodos analíticos simplificados, quer como uma modelação quantitativa detalhada (por exemplo, utilizando modelos de simulação em computador).

Quadro 1.3. - Níveis típicos de frequência de eventos

| Nível de frequência | Frequência dos eventos, $f$, ano-1 | Descrição |
|---|---|---|
| Frequente | $f > 10{-3}$ | A probabilidade de ocorrência frequente. Presença constante de perigo |
| Probabilidade | $5 \times 10{-4} \leq f < 10{-3}$ | Ocorrência repetida. A ocorrência frequente de um evento perigoso é esperada |
| Aleatório | $10{-4} \leq f < 5 \times 10{-4}$ | Probabilidade de ocorrência repetida. A ocorrência repetida de um evento perigoso é esperada |
| Raro | $10{-5} \leq f < 10{-4}$ | A probabilidade de um evento ocorrer ocasionalmente ao longo do ciclo de vida de uma instalação. A expectativa razoável de que um evento perigoso irá ocorrer. |
| Extremamente raro | $10{-6} \leq f < 10{-5}$ | A ocorrência de um evento é improvável, mas possível. Pode assumir-se que uma situação perigosa pode ocorrer num caso excepcional. |
| O improvável | $f \leq 10{-6}$ | A probabilidade de ocorrência é altamente improvável. Pode assumir-se que um evento perigoso não irá ocorrer. |

Na realização de uma análise de impacto, realiza-se o seguinte:

(a) Selecção de um evento perigoso com base nos resultados da identificação do perigo;

b) uma descrição de todas as consequências resultantes do evento perigoso, incluindo

1) as consequências que causaram danos ao objecto de avaliação de risco em questão;

2) consequências que podem ocorrer após um determinado período de tempo (se consideradas no âmbito da análise de risco);

3) efeitos secundários que se estendem à infra-estrutura e ao material circulante adjacente.

c) consideração de medidas de mitigação, tendo em conta todos os factores que influenciam os efeitos.

As estimativas resultantes das consequências de um evento perigoso estão correlacionadas com determinados níveis de gravidade das consequências.

O número de níveis de severidade das consequências a utilizar e as suas características são determinados pela direcção da organização de transporte ferroviário, dependendo das condições específicas.

Os níveis típicos de gravidade das consequências são mostrados no Quadro 1.4.

A análise da gravidade das consequências produz dados sobre a gravidade das consequências de um evento perigoso, classificados de acordo com os níveis de gravidade das consequências estabelecidos para esse evento.

A determinação do nível de risco é feita após a análise da frequência e a análise das consequências terem sido concluídas.

## Tabela 1.4 - Níveis típicos de gravidade das consequências dos eventos

| Níveis de gravidade das consequências | Consequências por tipo de risco | |
|---|---|---|
| | riscos internos | riscos externos |
| Catastrófico | Morte de 1 ou mais pessoas ou ferimentos graves em 5 ou mais pessoas ligados a operações ferroviárias<br>**ou**<br>O objecto material circulante é danificado ao ponto de ser retirado do inventário<br>**ou**<br>Danos nas infra-estruturas de mais de 5.000 salários mínimos | Morte de 1 ou mais pessoas ou ferimentos graves em 5 ou mais pessoas ligados a operações ferroviárias<br>**ou**<br>Danos ao ambiente causando uma emergência federal ou inter-regional |
| Crítico | Lesões graves a até 5 pessoas ligadas ao funcionamento do caminho-de-ferro. Morte de 1 pessoa ou ferimentos graves a 1 ou mais pessoas como resultado de actos intencionais ou negligentes da vítima ou outros não relacionados com o funcionamento do HSE.<br>**ou**<br>Danos a uma instalação de material circulante que necessitem de grandes reparações para restaurar a sua capacidade de serviço<br>**ou**<br>Danos nas infra-estruturas entre 1.500 e 5.000 salários mínimos<br>**ou**<br>Perda total de carga | Lesões corporais graves a até 5 pessoas ligadas ao funcionamento de um HSE.<br>Morte ou lesão corporal grave a 1 ou mais pessoas como resultado de acções intencionais ou negligentes da própria vítima ou de outras não relacionadas com o funcionamento do WGHE.<br>**ou**<br>Danos ambientais causados por uma emergência regional ou intermunicipal |
| Irrelevante | Danos para a saúde de gravidade moderada<br>**ou**<br>Danos ao objecto do material circulante que necessitem de reparação de um meio ou depósito para o repor em condições de serviço<br>**ou**<br>Danos nas infra-estruturas entre 500 e 1.500 salários mínimos<br>**ou**<br>Perda parcial de carga | Danos para a saúde de gravidade moderada<br>**ou**<br>Danos ao ambiente causando uma emergência municipal ou local |
| Menor | Danos ligeiros para a saúde<br>**ou**<br>Danos a uma instalação de material circulante que requerem reparações de rotina para restaurar a sua capacidade de serviço<br>**ou**<br>Danos a uma instalação de infra-estruturas com salários mínimos inferiores a 500 | Danos ligeiros para a saúde<br>**ou**<br>Pequenos danos para o ambiente |

Para determinar o nível de risco, é realizada uma avaliação quantitativa utilizando várias formulações matemáticas.

$$R = P\text{-}C.$$

Em geral, a definição do nível de risco $R$ envolve a expressão do risco utilizando duas quantidades - a probabilidade $P$ de um evento indesejável e as suas consequências $C$. Muitas vezes, ao determinar o nível de risco, a probabilidade e a gravidade das consequências actuam como multiplicadores:

Para resultados desconhecidos, o risco pode ser expresso em termos de probabilidade ou frequência. A definição de risco como a probabilidade de algum parâmetro aleatório exceder um determinado limite (limiar) também pode ser utilizada.

A figura 1.6 mostra uma representação dos riscos de acontecimentos adversos relevantes e das suas medidas.

Figura 1.6 - Representação e medidas de risco

No caso de riscos materiais, o risco é frequentemente medido em termos monetários. Se as várias consequências de um evento indesejável forem as mesmas ou muito grandes, é suficiente considerar apenas as probabilidades correspondentes para comparação. A par disto podem existir perigos que não podem ser quantificados, por exemplo quando as consequências de um evento não podem ser suficientemente previstas. Um exemplo seriam as consequências da falha de um componente utilizado em diferentes sectores da economia, que o fornecedor do componente não pode estimar. Neste caso, a medida do risco tem de ser tomada como a probabilidade de exceder o limite de carga do sistema em que o componente foi operado.

Para os riscos de saúde, as consequências podem ser parcialmente quantificadas em categorias como o tempo de paragem ou o custo de pessoal de substituição, benefícios de seguro, etc. No caso de um risco fatal, a quantificação das consequências é em grande parte indisponível.

Problemas particulares surgem quando os perigos ameaçam as pessoas, o ambiente e os bens materiais ao mesmo tempo. Em tais casos, é aconselhável avaliar a medida do risco em relação a mais do que um critério.

A avaliação do risco resulta numa expressão quantitativa (semi-quantitativa ou qualitativa) do risco, que é uma característica generalizada desse risco e é utilizada nas fases subsequentes do processo de gestão do risco.

Os critérios de tolerância de risco determinam o nível aceitável de risco e são estabelecidos de acordo com os métodos de análise de risco, disponibilidade de informação necessária, capacidade e os objectivos da análise. Os critérios dc tolerância ao risco podem incluir:

– estabelecido pelo quadro legal e regulamentar;

– a ser determinado ao planear a análise de risco;

– ser determinado no processo de obtenção dos resultados da análise de risco.

Os principais requisitos para seleccionar um critério de risco aceitável numa análise de risco são que este seja razoável e certo.

A base para determinar o risco aceitável deve geralmente ser

– legislação da República do Uzbequistão;

– as regras e regulamentos de segurança em vigor na área analisada;

– requisitos adicionais das autoridades de segurança responsáveis;

– informação sobre eventos de emergência existentes e suas consequências;

– experiência neste tipo de actividade.

Os critérios de risco aceitável baseiam-se geralmente em factores operacionais, técnicos, económicos, regulamentares, sociais ou ambientais, ou numa combinação destes. Os princípios básicos da aceitação do risco (ALARP, MEM, GAMAB) são discutidos em [2].

O nível aceitável de risco pode ser determinado, por exemplo, com base nos dados estatísticos disponíveis, utilizando vários critérios.

A avaliação de risco (ou comparação de risco) segue a análise de risco e completa o procedimento de avaliação de risco.

Na avaliação do risco, a estimativa resultante do nível de risco $R$ está relacionada com um (nível de tolerância $R_{dop}$) ou vários níveis de risco especificados, que são determinados com base no nível de tolerância de risco. O nível de tolerância de risco é determinado por critérios de risco aceitáveis.

Se $R > R_{dop}$, o risco é considerado inaceitável. Os níveis de risco típicos recomendados (categorias) e os seus intervalos são mostrados no Quadro 1.6.

Quadro 1.6 - Níveis de risco típicos (categorias)

| Nível de risco | Gama de valores |
| --- | --- |
| Inaceitável | $R > R_{dop}$ |
| Indesejado | $0.1_{-Rdop} \leq R < R_{dop}$ |
| Permitido | $0.01_{-Rdop} \leq R < 0.1_{-Rdop}$ |
| Não tomado em consideração | $R < 0.01_{-Rdop}$ |

Os resultados da avaliação do risco podem ser apresentados através de uma matriz de risco, que é uma tabela que combina a frequência de um evento e a gravidade das suas consequências, para informar claramente os decisores sobre os níveis de risco para o evento em questão. A forma (dimensão) da matriz depende da sua aplicação.

A matriz de risco é construída da seguinte forma:

– No eixo vertical, as probabilidades (frequências) de ocorrência do evento são contadas, apresentadas como uma escala (geralmente logarítmica) de acordo com os níveis de frequência adoptados (ver Quadro 1.3);

– no eixo horizontal, as dimensões das consequências do evento, apresentadas como uma escala (geralmente logarítmica) de acordo com os níveis adoptados de gravidade das consequências (ver Quadro 1.4);

– O nível de risco para cada célula da matriz é determinado e classificado de acordo com os critérios de tolerância de risco.

Uma forma típica de matriz de risco contendo 6 níveis de frequência e 4 níveis de gravidade das consequências, em que o nível de risco é classificado em 4 categorias, é mostrada no Quadro 1.7.

Quadro 1.7 - Modelo de matriz de risco

| Níveis de frequência | Níveis de risco | | | |
|---|---|---|---|---|
| Frequente | *Indesejado* | *Inaceitável* | *Inaceitável* | *Inaceitável* |
| Probabilidade | *Permitido* | *Indesejado* | *Inaceitável* | *Inaceitável* |
| Aleatório | *Permitido* | *Indesejado* | *Indesejado* | *Inaceitável* |
| Raro | *Não tomado em consideração* | *Permitido* | *Indesejado* | *Indesejado* |
| Extremamente raro | *Não tomado em consideração* | *Não aceite em consideração* | *Permitido* | *Permitido* |
| O improvável | *Não tomado em consideração* | *Não aceite em consideração* | *Não tomado em consideração* | *Não tomado em consideração* |
| | Menor | Irrelevante | Crítico | Catastrófico |
| **Níveis de gravidade das consequências** | | | | |

Uma representação mais precisa dos resultados da avaliação do risco, aplicada quando necessário, pode ser um gráfico em coordenadas logarítmicas de frequência elevada.

Com base nos resultados da avaliação do risco, é tomada uma decisão sobre se o risco deve ser tratado e a prioridade para o tratamento do risco. A decisão de tratar o risco é tomada pela direcção da organização de transporte ferroviário com base em considerações éticas, legais, financeiras e outras, incluindo a percepção do risco.

Um exemplo das decisões tomadas com base nos resultados da avaliação do risco para cada nível de risco é apresentado no Quadro 1.8.

Quadro 1.8 - Exemplo de decisões de tratamento de risco tomadas

| Nível de risco | Soluções |
|---|---|
| Inaceitável | O risco deve ser eliminado. O tratamento do risco é necessário. |
| Indesejado | O risco deve ser reduzido. O tratamento de risco é necessário. |
| | O risco pode ser aceite com o acordo da direcção da organização, nos casos em que a redução do risco não seja viável ou não seja viável. O tratamento do risco resume-se à remediação. |
| Permitido | O risco é aceite com o devido acompanhamento e controlo e com o acordo da direcção da organização. O tratamento do risco não é necessário ou limita-se à remediação. |

| Não tomado em consideração | O risco é aceite sem o consentimento da direcção da organização. Não é necessário qualquer processamento do risco. |
|---|---|

Incerteza e sensibilidade são questões centrais que surgem quando se utilizam os resultados de uma avaliação de risco. Além disso, a importância da contribuição dos componentes individuais para a avaliação global do risco é importante. A incerteza do modelo reflecte as fraquezas e insuficiências inerentes ao modelo e é uma medida do seu realismo. As incertezas dos modelos de entrada surgem devido aos dados incompletos disponíveis e à necessidade de os preencher através do julgamento de peritos. Quando a análise de risco quantitativa requer uma estimativa da incerteza no resultado final, os estudos de sensibilidade são a abordagem mais simples e mais rentável.

A sensibilidade $s_j$ ao parâmetro $j$ é definida como a alteração de uma medida quantitativa do risco por unidade de alteração nesse parâmetro, ou seja

$$S_j = \frac{\Delta R_j}{\Delta P_j}$$

onde $\Delta R_j$ é a alteração da medida de risco resultante de uma alteração do parâmetro j do modelo;

$\Delta P_j$ é a alteração do parâmetro j-ésimo do modelo.

Por exemplo, uma alteração de 10% na taxa de falha de bloqueio interno $(\Delta Pj)$ poderia alterar o risco $(\Delta Rj)$ por um factor de 2. Então a sensibilidade da medida de risco à taxa de falha de bloqueio interno seria

$$S_j = \frac{2}{0,1} = 20$$

Em teoria, é possível testar a sensibilidade de uma medida quantitativa de risco a cada um dos parâmetros. Mas na prática, para a maioria das abordagens de análise de risco quantitativo isto não é viável devido ao grande número de parâmetros considerados. Portanto, normalmente apenas são determinadas sensibilidades para parâmetros supostamente importantes ou para parâmetros que se sabe terem um elevado grau de incerteza. O parâmetro do modelo que tem o maior impacto no risco terá a maior sensibilidade.

A identificação da importância dos principais contributos para o risco global é uma das tarefas mais importantes na utilização da análise quantitativa do risco.

O risco total ($R$) é a soma dos riscos de todas as ocorrências de acontecimentos adversos ($R_i$):

$$R = \sum_{i=1}^{n} R_i$$

onde $n$ é o número total de acontecimentos adversos, $R_i$ é o risco da ocorrência do i-ésimo acontecimento adverso ($i = 1, 2, ..., n$)

Para maior clareza, os componentes do risco global (por exemplo, a ocorrência de eventos indesejáveis) são ordenados por ordem decrescente de importância:

$$[R_1, R_2, ..., R_n], \text{ onde } R_i \geq R_{i+1}.$$

O resultado é uma lista (apresentação tabulada) de todos os eventos indesejáveis, classificados por ordem decrescente de contribuição para o risco global, indicando claramente os eventos mais importantes para os quais as medidas de redução de risco podem ser mais eficazes.

## 1.3 Abordagens metodológicas de avaliação de risco baseadas na análise de perigos, vulnerabilidade e danos

O procedimento geral de análise de risco para infra-estruturas e HRE envolve uma análise sequencial dos perigos a que a instalação em questão está exposta, uma análise das vulnerabilidades da instalação em relação aos perigos identificados, e uma análise dos danos resultantes da manifestação de perigos realizada quando a instalação é considerada vulnerável [4, 5].

$$AR = AH \cup AV \cup AU.$$

A figura 1.8 mostra um diagrama esquemático de uma análise de risco de uma instalação de infra-estruturas ferroviárias, utilizando os seguintes símbolos:

- NS é o estado inicial do objecto (sistema);

- $s_0$ é um cenário de um objecto (sistema) que desempenha com sucesso as suas funções;

- $KS_0$ é o estado final desejado do objecto (o estado final quando o objecto desempenha com sucesso as suas funções),

- $\varepsilon_0$ é a proximidade do ponto $KS_0$ em que os estados finais podem ser considerados aceitáveis (seguros);

- $IS_1$, $IS_2$ - iniciar eventos perigosos;

- $PS_1$, $PS_2$ - estados limite do objecto (sistema);

- $s_i$ $(i = 1, 2, ..., N)$ é o i-ésimo cenário de falha que ocorre depois de um dos estados limite ser atingido;

- $KS_i$ $(i = 1, 2, ..., N)$ é o inaceitável (perigoso) estado final do objecto (sistema) correspondente ao cenário $s_i$;

- $U(KS_i)$ $(i = 1, 2, ..., N)$ é o dano correspondente ao estado final do $KS_i$.

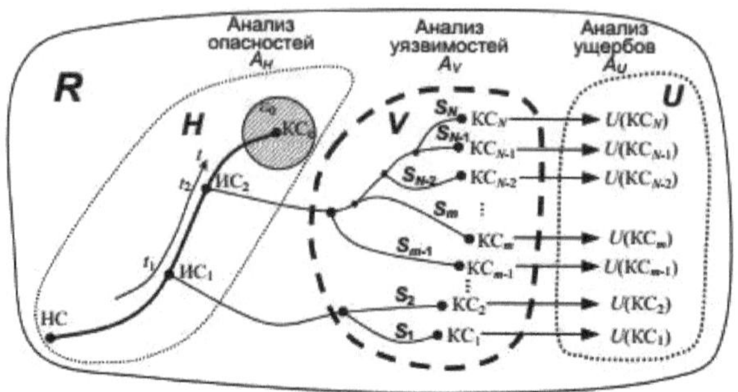


Figura 1.8 - Estrutura da análise de risco e segurança

Os **perigos** para a infra-estrutura e HSE são entendidos como cargas operacionais, falhas de elementos, impactos extremos externos (concepção e para além da concepção), erros do operador, impactos não autorizados. Dependendo do nível de incerteza e dos possíveis mecanismos para atingir estados limitantes dos elementos, são considerados os perigos que actuam sobre o objecto [6, 7, 8]:

– como variáveis aleatórias caracterizadas pela probabilidade de ocorrência de um evento perigoso de uma certa intensidade;

– como distribuições de probabilidade que definem a distribuição da densidade da probabilidade de ocorrência de eventos perigosos em termos de intensidade;

– como processos aleatórios para descrever o histórico de cargas e impactos extremos sobre um objecto.

**A vulnerabilidade** de um objecto é caracterizada por um conjunto de cenários de eventos aleatórios (falhas) e relações causa-efeito entre esses eventos, ou seja, a estrutura do gráfico do cenário do sistema [9, 10]. Nesse caso, os parâmetros de vulnerabilidade de um objecto serão as probabilidades condicionais de realização de diferentes estados finais do objecto, surgindo

38

em caso de escalada de uma falha, desenvolvendo-se no sistema após um evento inicial de tipo e intensidade diferentes. A análise da vulnerabilidade implica o estudo de sequências de eventos e relações causa-efeito entre eventos que ocorrem após o evento inicial até que o objecto atinja o seu estado final. Por outras palavras, a análise de vulnerabilidade consiste numa investigação qualitativa e quantitativa da estrutura dos cenários de escalada de acidentes. Assim, a análise de vulnerabilidade envolve um estudo detalhado da árvore de cenários do objecto em questão.

Os princípios de construção de árvores de cenários descrevendo cenários de escalada de acidentes são estudados em detalhe no quadro da teoria de estruturação de cenários. Entre as abordagens da teoria de estruturação de cenários, são centrais os métodos baseados na construção de modelos gráficos do tipo 'árvore de eventos' ou 'diagrama de influência' que descrevem relações causais probabilísticas entre eventos no processo de escalada do acidente.

A trajectória $s_0$ no espaço de estados descrevendo o funcionamento de um objecto (sistema) desde o estado inicial do NS até ao estado final requerido do $KS_0$ é normalmente chamada de "cenário de sucesso" (Fig. 1.8). Nos momentos $t_1$, $t_2$, ..., $t_k$, eventos de iniciação $IS_1$, $IS_2$, ..., ISK podem ocorrer no objecto, que são capazes de desviar a trajectória do cenário da curva $s_0$, desencadeando uma sequência de eventos correspondente aos cenários de falha $s_1$, $s_2$, ..., $s_N$, o que levará o sistema a atingir os estados finais correspondentes $KS_1$, $KS_2$, ..., $KS_N$.

A implementação de um cenário de acidente particular $s_i$ leva a que o objecto atinja o correspondente estado final inaceitável de KSi, associado a danos $U(KSi)$. Assim, o **dano** é o resultado de uma mudança no estado de um objecto (sistema), expresso por uma ou mais das seguintes categorias

– perda total ou parcial da saúde ou morte de uma pessoa;

– danos à integridade de um objecto ou deterioração das suas outras propriedades;

– perdas económicas ou sociais, reais ou potenciais, resultantes de quaisquer eventos, fenómenos, acções;

– perda de bens ou outros valores materiais, culturais, históricos ou naturais.

É feita uma distinção entre danos directos, indirectos, totais e totais quando se consideram os danos de um acidente numa instalação [11, 12, 13].

Os danos directos num acidente numa instalação (num sistema) são entendidos como perdas e danos para a população, o ambiente natural e todas as estruturas da economia nacional (incluindo o próprio sistema) que são apanhados na zona de acção dos factores de greve e danos do acidente. São determinadas pelo número de mortes e baixas entre o pessoal e a população, perdas irrecuperáveis de activos fixos, recursos naturais avaliados e perdas, causadas por estas perdas. Ao considerar a estrutura dos danos directos, distinguem-se os danos económicos directos, os danos ambientais directos e os danos sociais directos.

Os danos indirectos de um acidente são as perdas, perdas e custos adicionais incorridos pela população, ambiente natural e objectos da economia nacional, que não estavam na zona perigosa do acidente nas instalações, e causados por perturbações e mudanças na estrutura existente das relações económicas, infra-estruturas, bem como perdas (custos adicionais) causados pela necessidade de implementar certas medidas para eliminar as consequências do acidente.

O dano total é a soma dos danos directos e indirectos, assim como os custos de lidar com as consequências do acidente. O dano total é determinado num determinado momento e é intermédio em comparação com o dano total, que será quantificado a longo prazo.

Nas subsecções seguintes, os perigos, vulnerabilidades e avaliações de danos da infra-estrutura ferroviária e do material circulante serão considerados em sequência, utilizando o nível de risco para o local em questão.

Ao avaliar sucessivamente os perigos, vulnerabilidades e danos para a infra-estrutura ferroviária ou material circulante, o nível de risco para o objecto em questão pode então ser avaliado

$$R = \vec{H} * V * U^{T} \qquad 4.2.$$

onde $\vec{H} = \{P[\acute{E}_1\ ];\ P[\acute{E}_2\ ];\ P[\acute{E}_K\ ]\}$ - é um vector de perigos cujos componentes são as probabilidades de realização de eventos iniciadores do $SI_1$ , $SI_2$ , ..., $SI_K$ ;

$V = [P(KS_i\ |_{ИCj}\ )]$ - N x K matriz de vulnerabilidade, cujos componentes representam as probabilidades de realização de possíveis estados danificados do KSi, sujeitos a vários impactos extremos sobre o objecto por parte do $SI_j$ ;

$U\{U(KC_1\ );\ U(KC_2\ );_{N}\ U(KC)\}$ - é um vector de danos cujos componentes são os valores de danos correspondentes aos estados finais de $KC_1$ , $KC_2$ , ..., $KC_N$ .

## 1.4 Análise dos perigos

A análise de risco é normalmente a primeira fase da análise de risco das instalações técnicas [4, 8, 13]. O perigo para instalações de infra-estruturas e HSE é uma característica probabilística que determina a possibilidade de impacto no objecto de factores prejudiciais de um certo tipo, intensidade e duração como resultado da implementação de algum evento inicial que pode ocorrer tanto na própria instalação como no ambiente externo.

Deve ter-se em conta que durante um acidente numa instalação, os perigos secundários e os perigos secundários resultantes que actuam sobre a instalação podem surgir de danos em vários dos seus componentes. O potencial para o início destes perigos secundários será determinado pela vulnerabilidade da instalação aos perigos primários. Por conseguinte, a análise dos perigos deve ser realizada em conjunto com uma análise da vulnerabilidade dos elementos da instalação (sistema) aos perigos que actuam sobre eles.

Um perigo para as instalações de infra-estruturas e material circulante é definido por um conjunto de eventos ou processos aleatórios Th: perigos externos extremos naturais e provocados pelo homem, acções inadequadas do pessoal e condições de funcionamento dos sistemas técnicos da instalação que têm o potencial de conduzir a um acidente. Exemplos de tais eventos são: actividade sísmica ou desastres provocados pelo homem em instalações próximas (perigos externos), despressurização de um tanque com produtos químicos tóxicos ou acumulação de danos devido ao desgaste (perigos internos).

Um perigo é caracterizado pelos efeitos de factores prejudiciais sobre um objecto. É uma variável aleatória que, no caso mais simples, pode ser caracterizada pela probabilidade de ocorrência de um evento perigoso $P(Th)$ (Fig. 1.9(a)).

Quando é necessária uma descrição mais precisa do perigo de um evento extremo, este deve ser caracterizado não por uma estimativa pontual da probabilidade $P(Th)$, mas pela curva de distribuição da intensidade do perigo $p_{Th}(\Omega)$ mostrado na Figura 1.9(b), ou a função de distribuição integral $p_{Th}$ $(\Omega)$ onde $\Omega$ характеризует é a intensidade da ocorrência de um evento perigoso.

Ao decidir qual o parâmetro físico do impacto de um processo perigoso sobre um objecto deve ser escolhido para avaliar a intensidade do perigo, a vulnerabilidade do objecto à acção das várias componentes do impacto deve ser tida em conta. Por exemplo, no caso de efeitos sísmicos num local, uma parte dos elementos do local é mais sensível à aceleração da vibração no solo e outra parte à amplidão de vibração.

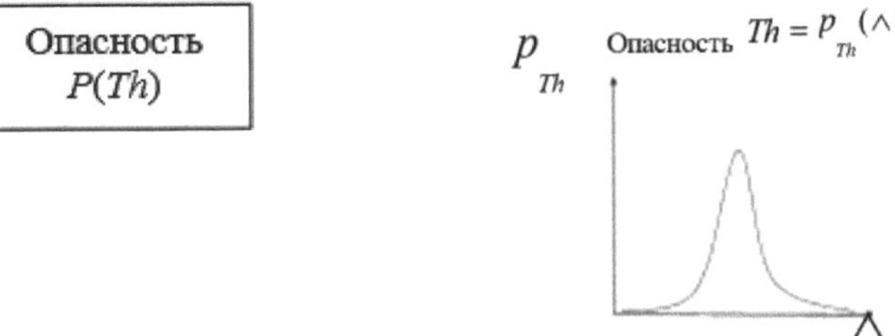


a) A probabilidade de um evento elementar é descrita por meio de uma estimativa pontual

b) A probabilidade de um evento elementar é descrita pela função de densidade de probabilidade das suas intensidades

Figura 1.9 - Descrição da probabilidade de um evento perigoso

O funcionamento está associado ao armazenamento e transporte de volumes significativos de substâncias perigosas, transformação de volumes significativos de energia, recepção de processamento e transmissão de poderosos fluxos de informação, processos tecnológicos perigosos no local, bem como processos perigosos externos naturais e antropogénicos nas áreas de localização da instalação, que são expressos em impactos externos extremos sobre a instalação. É feita uma distinção entre perigos externos e internos, dependendo se a fonte está fora ou dentro dos limites da infra-estrutura e HSE.

Os perigos internos à infra-estrutura e ao material circulante são iniciados por processos perigosos, cujo potencial é determinado pelos seguintes factores principais

– a massa e a composição W das substâncias químicas, biológicas e radiológicas perigosas na instalação (armazenadas ou transportadas); - a quantidade de energia E que circula na instalação,

– O volume de entrada e saída de informação flui I.

Os perigos internos das instalações de infra-estruturas e HSE também incluem tensões operacionais em componentes, exposição a ambientes químicos agressivos, radiação, falhas no sistema de controlo, etc. Um segmento significativo do espectro de perigos internos é causado por erro humano (erros de pessoal e de decisores, incluindo violações de regulamentos, etc.).

Os perigos externos incluem factores prejudiciais, cujo efeito é uma consequência de eventos (processos) naturais e humanos perigosos que ocorrem fora dos limites do objecto. Tais eventos iniciais podem ser um choque sísmico, um acidente tecnogénico numa instalação vizinha, o efeito de condições meteorológicas extremas, etc. Além disso, os riscos externos incluem eventos associados a perturbações de energia externa, transporte e outras infra-estruturas que resultam em perturbações de transporte e outros processos tecnológicos, danos nos sistemas de controlo e abastecimento no local, bem como impactos terroristas nas instalações.

O nível de detalhe na descrição dos perigos é determinado, por um lado, pela sua natureza e, por outro lado, pelos mecanismos envolvidos na destruição do objecto. No caso mais simples, o perigo pode ser descrito por meio de uma estimativa pontual como a probabilidade $P_H$ de um objecto ser exposto a um factor prejudicial $H$ com uma dada intensidade de exposição

$W_H$. Se for necessária uma descrição mais precisa do perigo, é utilizada uma 'curva de perigo' - uma função $f_H$ $(w)$ da distribuição da densidade de probabilidade da intensidade da exposição ao factor $H$ w (Figura 4.10).

É muitas vezes conveniente distinguir uma "curva de perigo" contínua, substituindo-a por um vector de perigo cujos componentes representam as probabilidades de $o$ perigo $H$ ocorrer a diferentes níveis de intensidade de exposição:

$$\vec{P}_H(w) = [P_H(w = W_1);\ P_H(w = W_2);\ ...;P_H(w = W_k)]$$

Em ambos os casos em consideração, os perigos são entendidos como os factores prejudiciais de fenómenos naturais-técnico-sociais extremos, que são considerados como eventos aleatórios caracterizados pela frequência de realização e intensidade. Nesta descrição de um perigo, o factor tempo de duração de algum processo perigoso é substituído por um único pico de impacto extremo, que é considerado decisivo em termos de danos ao objecto. Exemplos são "curvas de perigo" para efeitos sísmicos, cargas de vento, substâncias perigosas, etc. Estas curvas permitem estimar a probabilidade para cada nível de intensidade w do factor de impacto $H$.

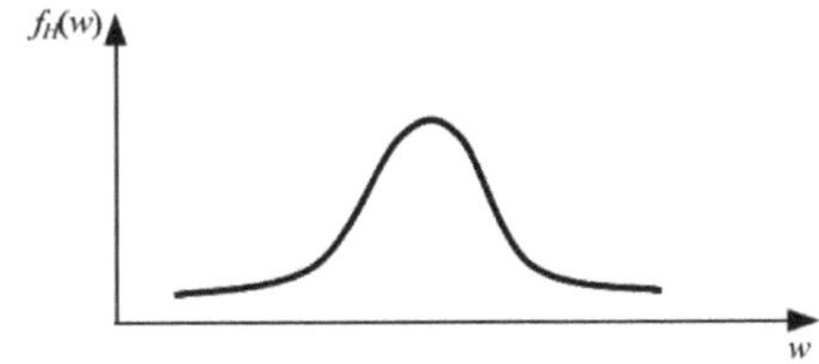


Figura 1.10 - Densidade de Distribuição de Probabilidade da Intensidade de Exposição a um Perigo

Nesta abordagem, a descrição do perigo é limitada a uma lei de distribuição unidimensional da probabilidade de uma variável aleatória que caracteriza a intensidade da exposição a um factor prejudicial exceder um

45

determinado valor durante um determinado período de tempo (normalmente um ano). Conhecendo esta lei, é possível calcular indicadores mais complexos (por exemplo, a probabilidade de uma variável aleatória exceder um determinado nível crítico durante um determinado período, interpretada como a vida útil da infra-estrutura e HLW).

Os processos perigosos que ocorrem têm natureza probabilística (aleatória) e, em regra, são não-estacionários (Fig. 1.10). Isto deve-se a alterações nos parâmetros do objecto (sistema) em várias fases do ciclo de vida, processos transitórios, bem como a alterações na tecnologia, modernização do objecto, etc. A noção de função de expectativa matemática $m_H$ (t) e função de correlação $K_H$ $(t, t^*)$ são introduzidas para caracterizar processos aleatórios. Para qualquer ponto no tempo $t=t^*$, o processo aleatório de um factor de impacto é uma variável aleatória caracterizada por expectativa matemática e variância.

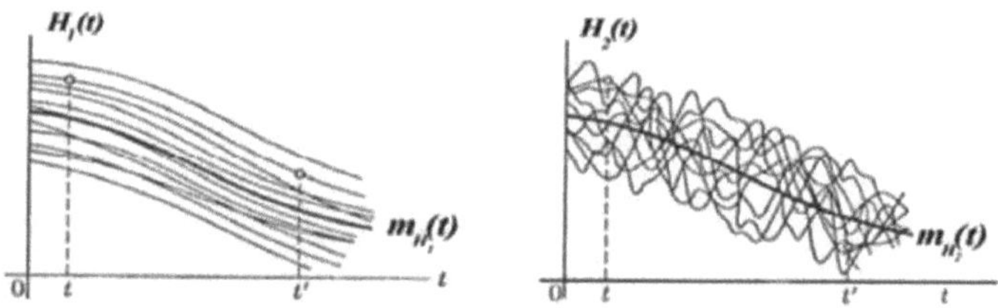

Figura 1.11 - Representação dos perigos como processos aleatórios

Descrição quantitativa da iniciação, desenvolvimento de acidentes numa instalação pode ser realizada com base nas leis fundamentais da física, química e mecânica das catástrofes. Neste caso, as fases de emergência e desenvolvimento de acidentes podem ser caracterizadas por diferentes combinações de factores físicos, químicos e mecânicos que afectam.

46

Nesta formulação do problema, os perigos para o objecto da infra-estrutura e para o material circulante serão caracterizados por um vector aleatório, que é r uma função dos vectores: acções de força internas e externas $Q(t)$, acções de temperatura $\mathrm{Tr}(t)$, campos de concentrações de substâncias perigosas $\mathrm{cr}(t)$, emissões $\mathrm{r}(t)$ e fluxos de informação $\mathrm{Ir}(t)$

$$\vec{H}(t) = F\{\vec{Q}(t), \vec{T}(t), \vec{c}(t), \vec{\Psi}(t), \vec{I}(t)\}$$

A mecânica, física e química das catástrofes, como disciplinas científicas fundamentais, devem ser consideradas como uma base científica para a análise das fontes de ocorrência e cenários de desenvolvimento de acidentes. Os dados sobre as condições de carga operacional dos elementos das instalações são iniciais na atribuição dos principais parâmetros de concepção incluídos nas equações básicas da mecânica das catástrofes e subsequente modelação do início e desenvolvimento de acidentes.

A descrição quantitativa do início e desenvolvimento de acidentes em infra-estruturas ferroviárias e objectos de material circulante pode ser feita com base nas leis fundamentais da física, química e mecânica das catástrofes [4, 14]. Nesse momento, as fases de emergência e desenvolvimento de acidentes podem ser caracterizadas por várias combinações de factores físicos, químicos e mecânicos que afectam e prejudicam.

A análise da maioria dos acidentes naturais e provocados pelo homem no mundo mostra que eles são causados por três perigos principais:

– fugas incontroladas de substâncias perigosas $W$;

– libertação descontrolada de energia perigosa $E$ (mecânica, térmica, electromagnética, luminosa);

– libertação ou destruição descontrolada de fluxos de informação $I$.

Tendo em conta a escala de avaliação de acidentes e catástrofes utilizada na prática internacional (nível local - 1, nível de instalações - 2, nível local - 3, nível regional - 4, nível nacional (federal) - 5, nível global (transfronteiriço) - 6, nível planetário - 7), bem como os parâmetros $W$, $E$, $I$ acima mencionados, podemos construir áreas limitativas dos seus estados perigosos para classificar as instalações de infra-estruturas e o material circulante. Nesse caso, um indicador quantitativo do perigo do objecto será um módulo do raio-vector no espaço $W$, $E$, $I$

$$|B_H| = \sqrt{\vec{W}^2 + \vec{E}^2 + \vec{I}^2}$$

onde $\vec{W}$ , $\vec{E}$ , $\vec{I}$- os perigos da instalação discutidos acima, expressos numa escala de 7 pontos de classes de catástrofe. Em geral, o valor numérico deste perigo variará de 1,73 a 12,2.

Na formulação tradicional do problema, a análise dos riscos para a infra-estrutura e o material circulante é o primeiro passo para resolver o problema da avaliação dos riscos associados aos acidentes nestas instalações. Mas também é interessante resolver o problema inverso, em que os perigos para uma instalação são classificados com base nas consequências conhecidas dos acidentes que ocorreram na instalação.

Para tais tarefas, a intensidade dos perigos é dividida nos seguintes grupos:

- Grupo O1: perigos que causam hipotéticos acidentes que podem ocorrer em cenários de desenvolvimento imprevisíveis com o máximo de danos possíveis (destruição total da instalação) e um elevado número de baixas;

– grupo O2: perigos que causam acidentes de concepção-base envolvendo danos irreversíveis a elementos importantes do local com elevados danos e perda de vidas;

– grupo O3: perigos que causam acidentes com base na concepção, acompanhados de condições fora de alcance com consequências previsíveis e aceitáveis;

– Grupo O4: perigos que causam um acidente na instalação e que provocam desvios das condições normais de funcionamento durante o funcionamento normal da instalação;

– grupo O5: perigos em que a instalação funciona normalmente.

A tabela 1.9 apresenta as características de perigo para a instalação, de acordo com os tipos de acidentes.

Quadro 1.9. -Tipos de acidentes e características de perigo

| Tipo de acidente | Em que medida os perigos são conhecidos | Grupo perigos |
|---|---|---|
| Hipotético | Uma combinação de concepção desconhecida de baixa probabilidade e difícil de prever, eventos desencadeantes tecnológicos e factores impressionantes de enorme intensidade, incluindo impactos terroristas. | O1 |
| Projecto | Os factores de impacto e os acontecimentos iniciadores e o desenvolvimento das lesões não são totalmente conhecidos. | O2 |
| Projecto | Os factores envolvidos são conhecidos e previsíveis. | O3 |
| Regime (desvios em relação às condições normais) | Os contaminantes são estudados e controlados. | O4 |
| Não (condições normais (normais) de funcionamento) | Os factores de ataque são bem compreendidos e controláveis. | O5 |

A análise de risco para instalações de infra-estruturas e HSE deve basear-se na tomada em consideração, avaliação e análise (previsão) de todos os possíveis acidentes que conduzam a perdas na instalação ao longo do seu ciclo de vida. Por conseguinte, a exactidão dos resultados da análise é determinada pela exaustividade e exactidão da descrição técnica e tecnológica das instalações.

Para efeitos de análise de perigos, devem ser obtidas informações sobre a composição, finalidade e tecnologia do equipamento operacional em cada fase do ciclo de vida da instalação. Ao realizar o procedimento de análise de perigos, deve ser recolhida uma base de dados que inclua informações para a instalação em construção:

– A localização geográfica da instalação; mapas dos riscos naturais e antropogénicos na área onde a instalação está localizada, definindo as condições topográficas, naturais, antropogénicas e climáticas no local da instalação. A informação acima define os parâmetros "ambiente externo" para a instalação e é utilizada tanto para definir parâmetros de entrada em procedimentos de análise de perigos (por exemplo, direcção e força do vento, condições de temperatura, etc.) como para justificar a exclusão de factores sem importância da consideração em procedimentos de análise de perigos;

– as características do processo tecnológico (transporte). Esta informação é utilizada para seleccionar possíveis modelos de fenómenos de acidentes e para determinar os possíveis factores prejudiciais;

– A composição do equipamento do processo instalado, descrevendo os detalhes dos processos associados a cada instalação. Esta informação é utilizada para identificar os perigos associados a acidentes nessa fábrica;

– a localização do equipamento no local (planta principal da instalação) indicando coordenadas, distâncias mútuas, dimensões. Esta informação é utilizada para determinar o possível impacto de perigos de acidente em unidades de processo adjacentes e para determinar os parâmetros de uma possível escalada de acidente;

– a fiabilidade e as taxas de falhas do equipamento fornecido pelo fornecedor. Esta informação é utilizada para determinar a taxa esperada de falhas do equipamento em questão;

– Acidentes, incidentes e suas consequências, tanto nas instalações como em outras instalações semelhantes. Esta informação é utilizada para determinar a frequência esperada de acidentes nas instalações;

– As instalações de prevenção e resposta a acidentes planeadas e disponíveis. Esta informação é utilizada tanto para determinar a frequência esperada de acidentes nas instalações como para obter os inputs necessários para o procedimento de análise de risco para o tempo de resposta e outros inputs necessários.

Os seguintes requisitos são impostos em várias fases do ciclo de vida:

– Na fase de justificação da decisão de construir a instalação, deve ser conhecido o fluxograma básico do processo utilizado na instalação, os volumes e composição previstos de produtos e matérias-primas perigosas a transportar na instalação, bem como a composição típica do equipamento;

– Na fase de concepção detalhada, deve ser conhecido um fluxograma completo do processo e uma lista completa do equipamento instalado com características conhecidas e ficha de dados técnicos fornecida pelo fabricante;

– Durante a fase operacional, devem ser acumuladas informações documentadas sobre situações pré-acidentes e de emergência, falhas de equipamento, erros humanos, possíveis mudanças de processo e substituição de equipamento gasto, os volumes e parâmetros reais das substâncias perigosas manipuladas nas instalações.

Estes requisitos exigem a utilização das seguintes fontes de informação em várias fases do ciclo de vida de uma instalação ferroviária:

– na fase de justificação da decisão sobre a construção da instalação - dados das estatísticas mundiais de falhas e acidentes nas instalações com fins semelhantes. As quantidades físicas quantitativas necessárias para a análise dos perigos são calculadas com base num diagrama de fluxo básico conhecido dos processos;

– na fase de projecto detalhado, construção e colocação em serviço - o mesmo que na fase de justificação da decisão para a construção da instalação, tendo em conta as fichas técnicas do fabricante para equipamento sobre fiabilidade, MTBF médio. As quantidades físicas quantitativas necessárias para a análise de perigos são calculadas com base num fluxograma de processo completo;

– Na fase operacional, o mesmo que nas fases de tomada de decisão e concepção de engenharia, tendo em conta as estatísticas reais de falhas de equipamento identificadas na fase operacional. Nesta fase, a contribuição estatística dos erros de pessoal para o valor da fiabilidade real dos processos tecnológicos é também identificada. As quantidades físicas quantitativas necessárias para a análise de perigos são calculadas com base no esquema tecnológico real dos processos, parâmetros reais de fiabilidade.

As principais causas e factores que contribuem para os riscos de falha do equipamento incluem:

– os perigos inerentes aos processos que decorrem no local;

– desgaste físico, corrosão, danos mecânicos, deformação da temperatura do equipamento;

– O fornecimento de recursos energéticos (electricidade) é interrompido;

– influências externas de origem humana, antropogénicas e naturais.

Para efeitos de análise de perigos, é razoável dividir toda a variedade de possíveis causas de acidentes num conjunto limitado de modelos padronizados de iniciação de acidentes, caracterizados por parâmetros físicos determinísticos (diâmetro do orifício equivalente, tipo de fluxo, tipo de produto, etc.) e parâmetros probabilísticos (probabilidade condicional e frequência de realização de um determinado evento). Deve ter-se em mente que neste procedimento (procedimento de discretização) a exactidão da descrição dos parâmetros físicos dos modelos de iniciação de acidentes pode ser perdida.

Todo o equipamento utilizado em infra-estruturas e material circulante pode ser dividido num número limitado de categorias, de acordo com os seus processos físicos e químicos e características de concepção. Dentro de uma categoria, o equipamento é caracterizado pelo mesmo conjunto de possíveis padrões de iniciação de acidentes. Para cada categoria de equipamento de processo, devem ser desenvolvidos eventos de iniciação específicos e modelos de destruição de equipamento sob a influência de perigos acidentais (impacto e efeitos térmicos, danos causados por estilhaços, etc.).

Durante as fases de tomada de decisão, concepção de trabalho e operacional da construção das instalações, a quantificação dos modelos de eventos desencadeantes e das suas frequências esperadas é aperfeiçoada com base em informações mais completas:

- sobre a concepção ou parâmetros reais da tecnologia;
- sobre parâmetros de fiabilidade percebidos ou reais;
- sobre o sistema de gestão de segurança proposto ou em uso;
- sobre o nível previsto ou real da acção do pessoal.

## 1.5 Análise de vulnerabilidades

O conceito de vulnerabilidade é agora cada vez mais utilizado na avaliação do risco dos sistemas técnicos, a fim de caracterizar a resposta dos sistemas em questão a impactos extremos. No entanto, não existe uma definição única estabelecida de vulnerabilidade na teoria do risco. Geralmente, a vulnerabilidade é entendida como a abertura de um sistema a vários eventos/influências extremas internas e externas que contribuem para um processo catastrófico. Muito frequentemente a noção de vulnerabilidade é definida através das características do sistema a ela associado. Por exemplo, a vulnerabilidade de um sistema é entendida como um conjunto de propriedades que são o oposto da estabilidade e capacidade de sobrevivência do sistema, bem como a sua capacidade de desempenhar funções especificadas em caso de danos parciais.

Uma vez que o conceito de vulnerabilidade é multifacetado e deve reflectir os aspectos físicos, organizacionais, tecnológicos e funcionais do estado do sistema, é altamente relevante desenvolver uma abordagem metodológica unificada para a quantificação da vulnerabilidade, ou seja, para determinar a medida da vulnerabilidade para os sistemas técnicos.

As mudanças que ocorrem num sistema técnico concebido para produzir um determinado resultado (ou para implementar um determinado processo tecnológico) podem ser representadas como uma trajectória no espaço de estado do sistema $\Omega$ definindo a transição do estado inicial do sistema NS para o seu estado final KS0 (Figura 1.12. a))). Nos casos em que tal transição pode ser alcançada, diz-se que o sistema tem um determinado cenário (ou "cenário de sucesso") S0 [4, 9, 10]. O estado final do $KS0$ define um conjunto de valores $x_0^1$; $x_0^2$; L, $x_0^m$ que o sistema declara variáveis $x_1$, $x_2$, L, $x_m$ deve tomar para que o sistema cumpra os requisitos que lhe são impostos. Estes requisitos podem, por exemplo, incluir: a integridade estrutural do sistema, a integridade dos seus elementos, o sistema que desempenha funções especificadas, a garantia de desempenho e qualidade especificados (de produtos ou serviços), etc. As variáveis de estado do sistema listadas determinam a dimensionalidade e a configuração do espaço de estado do sistema.

Se algum evento desencadeador de $SI_1$ ocorrer no sistema, pode desviar-se do cenário $S_0$ (Fig. 1.12 b)) e continuar a implementar um novo cenário $S_1$ terminando num estado final $KS_1$ diferente do estado final KS dado (desejado)$_0$ :

$$KC_1\left(x_1^1, x_1^2, ..., x_1^m\right) \neq KC_0\left(x_0^1, x_0^2, ..., x_0^m\right)$$

Neste caso, pode dizer-se que o sistema falhou e é incapaz de fornecer o estado final $KS0$ exigido. Ou seja, o sistema tornou-se vulnerável a um evento desencadeante do $ICI$. Devido ao elevado nível de incerteza quanto ao tipo e intensidade dos eventos iniciadores e à capacidade do sistema de resistir aos eventos iniciadores, a medida da vulnerabilidade deve ser probabilística, ou seja, determinada pela probabilidade de falha ($O$) do sistema:

$$Vf(P[O]).$$

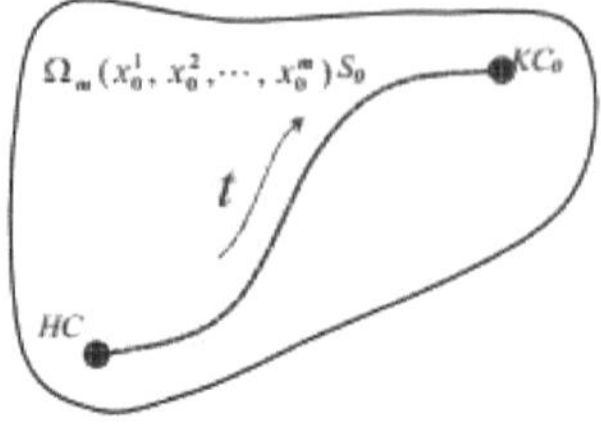
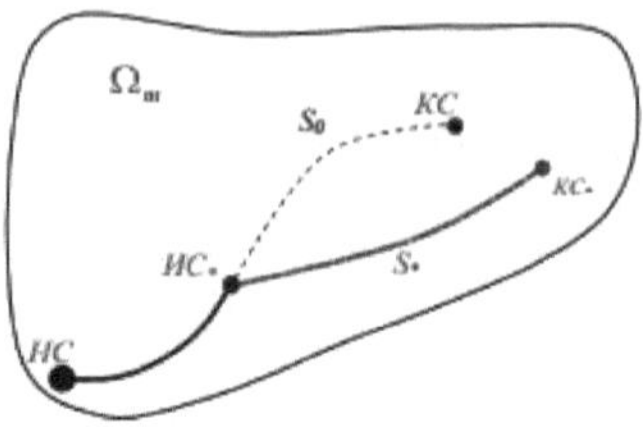



a) Cenário de Sucesso $s_0$         b) Cenário de falha $s_*$

Figura 1.12 - Cenários de sucesso e fracasso

Uma vez que as propriedades de vulnerabilidade de um sistema só se tornam aparentes depois de algum evento desencadeante anormal ter ocorrido no mesmo (ou de o sistema ter sido sujeito a algum impacto anormal), a medida da vulnerabilidade deve ser determinada pela probabilidade condicional de falha do sistema, assumindo que o sistema foi sujeito a um evento desencadeante $Vf(P[O \mid IS]$ .

Obviamente, na prática nem sempre é possível assegurar que o sistema atinja o estado final dado de $KS_0$ com absoluta precisão. Os sistemas reais estarão sempre sujeitos a algumas influências iniciadoras, por vezes fracas, que se desviarão ligeiramente da trajectória do cenário de sucesso $s_0$ dado. Além disso, o desvio do cenário de sucesso $s_0$ será também devido à variação natural dos parâmetros do sistema. Por conseguinte, a avaliação da vulnerabilidade deve lidar com a probabilidade condicional de o estado final do sistema ficar fora da região em questão $\varepsilon_0$ do espaço estatal $\Omega m$. Em particular, a Fig. 1.13 mostra um fraco evento inicial ICk que leva a um estado final CCk deitado na região $\varepsilon_0$. Pode assumir-se que o sistema não é vulnerável ao evento inicial da ICk.

Além disso, a falha do sistema é definida como a saída do estado final do sistema da área $\varepsilon_0$ do espaço de estado do sistema $\Omega m$, fora do qual o sistema não fornece as funções especificadas ou a qualidade dos produtos (serviços).

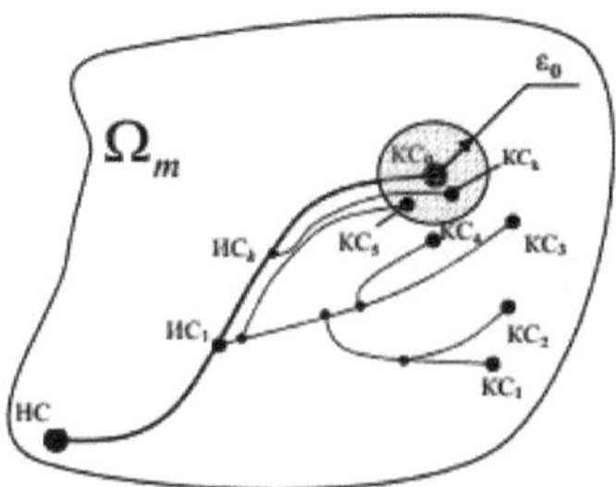


Figura 1.13 - Área de estados condicionalmente intactos $\varepsilon_0$

Com base no acima exposto, pode ser formulada a seguinte definição: Vulnerabilidade do sistema é a probabilidade condicional de o estado final do sistema KS* deixar os limites da área em questão $\varepsilon_0$ do espaço estatal$_m$ do sistema no caso de ocorrer um evento desencadeante da SI*.

$$V = P[(\|KC_* - KC_0\| > \varepsilon_0)|HC_*]$$

A escolha do espaço de estado do sistema e a forma de definir a métrica neste espaço. A métrica euclidiana do espaço $\Omega_m$ pode ser escolhida:

$$\|KC_* - KC_0\| = \sqrt{(x_*^1 - x_0^1)^2 + (x_*^2 - x_0^2)^2 + \cdots (x_*^m - x_0^m)^2}$$

ou

$$\|KC_* - KC_0\| = \max\left\{(x_*^1 - x_0^1)^{\square}; (x_*^2 - x_0^2)^{\square}; \ldots (x_*^m - x_0^m)^{\square}\right\}$$

Em particular, diferentes espaços de estado do sistema unidimensional $\Omega 1$ podem ser escolhidos para descrever diferentes aspectos do estado do sistema: físico, funcional e económico. Assim, é possível distinguir as componentes físicas, funcionais e económicas da vulnerabilidade, que podem ser definidas nos espaços de estado unidimensional correspondentes do sistema.

Se um espaço unidimensional $\Omega 1^{ph}$ for escolhido como o espaço de estado de um sistema cuja coordenada única determina o grau físico de dano ao sistema quando o sistema atinge o estado final KS* ($x^1$ = DS* ), então a vulnerabilidade física $V_{ph}$ do sistema é a probabilidade condicional de o sistema receber um certo grau de dano (probabilidade do estado final que corresponde a este grau de dano)

$$Vph = P[DS > DS_d \mid IS_*]$$

onde $DS_d$ é o grau de dano permitido ao sistema.

Se for escolhida uma dimensão $*_1^U$ como espaço de estado do sistema, cuja coordenada única determina o nível de dano que ocorre quando o sistema atinge o estado final de KS $\Omega$ ($x^1$ =U), então a vulnerabilidade económica do sistema $V_e$ é definida como a probabilidade condicional de, com o tempo $\Delta t$, ocorrer um evento desencadeante no sistema que resulte em dano que exceda um determinado valor limiar U $_d$

$$V_B = P[U > U_d \mid IS^*]$$

Se um espaço unidimensional $\Omega_1^{\Phi}$ for escolhido como espaço de estados do sistema, cuja única coordenada determina o grau de execução pelo sistema de determinadas funções, que são implementadas pelo sistema quando este atinge o estado final do CS* ($x1$ = F* ), então a vulnerabilidade funcional $vF$ é entendida como a probabilidade condicional de o sistema perder a sua capacidade de executar determinadas funções se a influência iniciadora em $\Omega 1$

$$V_\Phi = P[(\lVert \Phi_* - \Phi_0 \rVert > \delta) \mid ИС_*]$$

onde $F_0$ é o nível funcional dado, $\delta$ é o desvio admissível.

Assim, os valores $V_{ph}$, $V_e$ e $V_F$ podem ser considerados como componentes físicos, económicos e funcionais do vector de vulnerabilidade do sistema, e a avaliação da vulnerabilidade do sistema envolve a determinação da probabilidade condicional de falha no sistema, desde que tenha ocorrido um evento desencadeante.

A vulnerabilidade de um sistema é muitas vezes definida como o oposto (num sentido probabilístico - adição a 1) de robustez e resiliência [15].

A robustez do sistema refere-se à probabilidade condicional de, no caso de uma acção iniciadora por $IS*$, o estado final do sistema $KS*$ se desviar no espaço estatal de $KS0$ por um montante não superior a um determinado valor pequeno $\varepsilon_0$

$$Rob = P[(\|KC_* - KC_0\| < \varepsilon_0)|HC_*]$$

É então possível chegar à definição acima referida de vulnerabilidade das espécies através da noção de robustez:

Em sistemas dinâmicos, devemos confiar na noção de estabilidade (resiliência), que descreve a capacidade de um sistema se adaptar e encontrar uma nova posição estável suficientemente próxima da posição alvo para que possa desempenhar as funções especificadas, após uma perturbação.

Na formulação probabilística, a capacidade de recuperação (adaptabilidade) do sistema é entendida como a probabilidade condicional de que o estado actual do sistema $F(t)$ dentro de um determinado intervalo de tempo $\Delta t$ após a acção inicial deve chegar a algum estado estável $F_c(t + \Delta t)$, próximo do estado alvo (Fig. 1.14)

$$R_S = P[(F(t) \rightarrow F_C(t + \nabla t)) \cap (F(t)\epsilon\delta)]$$

onde $\delta$ é a região dos estados estáveis (admissíveis).

A vulnerabilidade pode então ser definida como a adição de adaptabilidade do sistema à unidade:

$$V = 1 - R_i S = 1 - P[(F(t) \rightarrow F_i C \ (t + \Delta t)) \cap (F(t) \epsilon \delta)]$$

Entre as interpretações existentes de vulnerabilidade está a noção de vulnerabilidade estrutural, que se refere à probabilidade condicional de uma estrutura de rede não ser capaz de desempenhar as suas funções (ou seja, a estrutura do SO falhará) no caso de elementos individuais da estrutura serem perturbados (falha do elemento - EE).

$$V_{Str} \ P[OS \mid SE] \ .$$

Nas abordagens da árvore de falhas, a vulnerabilidade de um sistema é definida pelo conjunto de combinações mínimas acidentais que levam a diferentes estados finais do sistema, que diferem do estado dado do $CS_0$ . Aqui, a combinação mínima de falhas é o menor conjunto de eventos iniciais em que um estado final defeituoso do sistema é atingido.

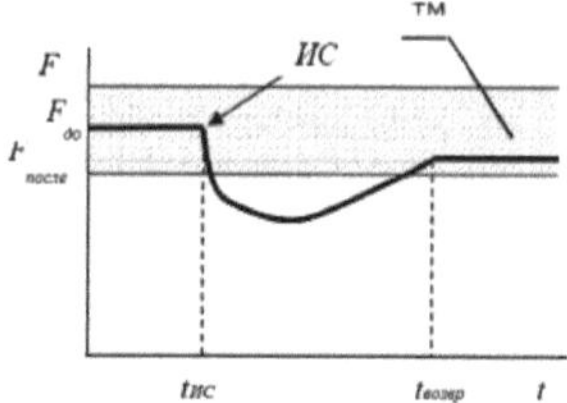


a) Um sistema capaz de se adaptar após um impacto extremo

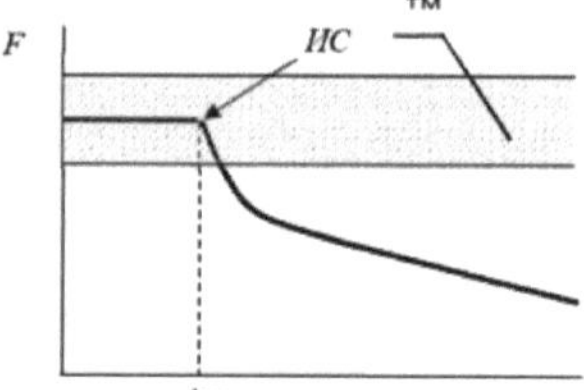


b) Um sistema incapaz de se adaptar após um impacto extremo

Figura 1.14 - Vulnerabilidade dos sistemas adaptativos e não-adaptativos

O conjunto completo de combinações mínimas de colisões na árvore representa todas as combinações de eventos em que um acidente pode ocorrer. A trajectória mínima é o menor grupo de acontecimentos em cuja ocorrência ocorre um acidente.

Considerando que a intensidade do evento desencadeante $h$ não é conhecida antecipadamente e pode variar, a vulnerabilidade do sistema pode ser caracterizada por uma função de probabilidade de falha condicional (que é definida como a saída do estado final do sistema fora da área de tolerância $\varepsilon_0$ ), desde que o sistema esteja sujeito a um evento desencadeante de intensidade $h$ (Figura 1.15)

$$V^I(h) = P\left[\||KC_* - KC_0\|| > \varepsilon_0|h\right]$$

Dada a definição de fracasso adoptada acima, esta expressão pode ser escrita de uma forma mais curta:

$$vi(h)\,PO\,\eta$$

A definição de vulnerabilidade de Tipo $V_I$ , que tem em conta a incerteza associada à intensidade da exposição, é chamada uma definição de vulnerabilidade de Nível I.

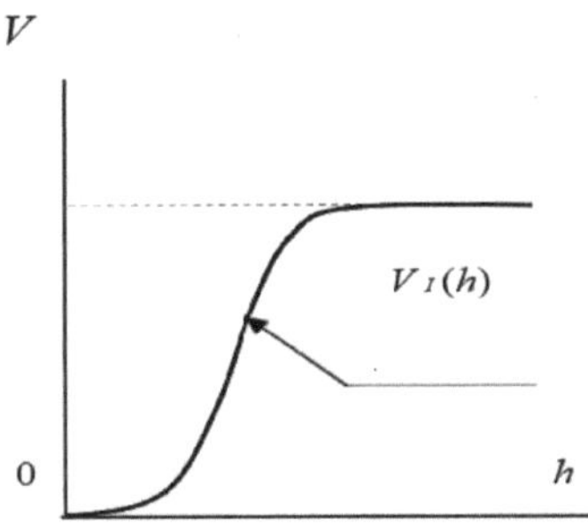


Figura 1.15 - Curva de vulnerabilidade do sistema

A curva de vulnerabilidade do sistema mostrada na Figura 1.15 é a relação entre a probabilidade de falha e a intensidade da acção iniciadora.

Se $N$ estados finais forem distinguidos num sistema, a vulnerabilidade do sistema será descrita por uma família de curvas de vulnerabilidade.

É de notar que se diferentes cenários de falha podem ser realizados no sistema, desenvolvendo-se após diferentes influências iniciadoras, e levando a diferentes estados finais do sistema, então a abordagem baseada na definição da vulnerabilidade de uma espécie não permite descrever toda a variedade de opções de não desempenho pelo sistema das suas funções. Neste caso, a vulnerabilidade do sistema não se reduz aos índices acima listados ou às características individuais da abertura do sistema a influências extremas, mas é caracterizada pela estrutura da árvore de cenários de falha (Fig. 1.16).

Por outras palavras, a vulnerabilidade do sistema é caracterizada por um conjunto de cenários de eventos aleatórios (falhas no sistema) e as relações causais entre esses eventos. A vulnerabilidade de um sistema é determinada pelas probabilidades de realização dos vários estados finais do sistema, que surgem no caso de um acidente crescente se desenvolver no sistema após um evento inicial de vários tipos e intensidades.

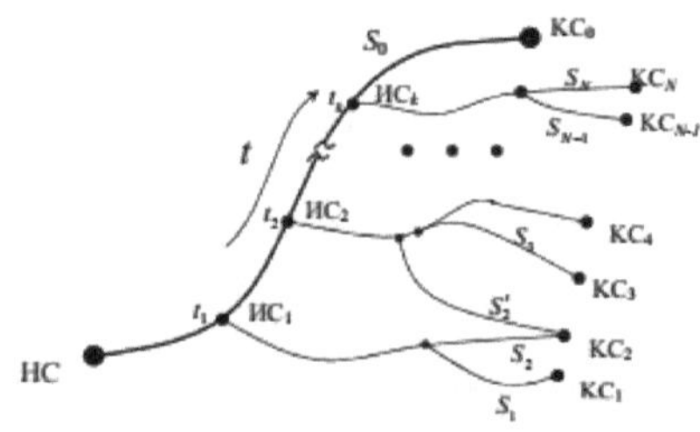

Figura 1.16 - Árvore de cenários de falha

A análise da vulnerabilidade envolve a investigação de sequências de eventos e relações causa-efeito entre eventos que ocorrem após o evento inicial até que o sistema atinja o seu estado final. Por outras palavras, a análise da vulnerabilidade do sistema consiste num estudo qualitativo e quantitativo da estrutura dos cenários de escalada de acidentes. Os princípios das árvores de cenários descrevendo cenários de escalada de acidentes são estudados em detalhe no quadro da *teoria de estruturação de cenários*, que será apresentada a seguir. Assim, a análise de vulnerabilidade envolve um estudo detalhado da árvore de cenários do sistema em questão.

Entre as abordagens teóricas de estruturação de cenários, são centrais os métodos baseados em modelos gráficos, tais como árvores de eventos ou diagramas de influência que descrevem relações causais probabilísticas entre eventos no processo de escalada do acidente.

Considerar algum sistema técnico concebido para assegurar o desempenho de uma dada função (realização de um determinado estado final). A trajectória no espaço de estados descrevendo a evolução do sistema desde o estado inicial de NS até ao estado final requerido de $KS_0$ será chamada cenário de sucesso $s_0$ (Fig. 1.16). Nos momentos $t_1$, $t_2$, ..., $t_k$ no sistema, desencadeando os eventos $IS_1$, $IS_2$, ..., podem ocorrer ISK que são capazes de desviar a trajectória do cenário de $s_0$, desencadeando assim uma sequência de eventos correspondente aos cenários de falha $s_1$, $s_2$, ... $s_N$, o que levará o sistema a atingir os estados finais correspondentes $KS_1$, $KS_2$, ... $KS_N$. Deve ter-se em mente que diferentes cenários de falha podem levar ao mesmo estado final do sistema (por exemplo, na Fig. 1.16 cenários $s_2$ e $S_2'$приводят para o estado final $KS_2$). A vulnerabilidade do sistema pode então ser representada como matriz **V**, cujos componentes $V_{i,j}$ representarão as probabilidades condicionais de o sistema atingir o estado final de $KS_i$, desde que o evento inicial $IS_j$ tenha ocorrido ($V_{i,j}$ P[$KK_l$ | IS$_j$]):

Ao construir uma matriz de vulnerabilidade, o nível de risco para o sistema em questão pode então ser avaliado.

É de notar que uma tarefa importante para avaliar e reduzir a vulnerabilidade das infra-estruturas ferroviárias e do material circulante é identificar os cenários mais críticos, os chamados cenários "desproporcionados", que se caracterizam por atingir o grau máximo de danos ao sistema como resultado dos seus pequenos danos locais. A solução deste problema requer a criação de um algoritmo para procurar cenários críticos de falha, construindo modelos hierárquicos da estrutura do sistema e revelando a hierarquia para a identificação de cenários críticos (desproporcionados) de falha. Este problema é resolvido, por exemplo, no quadro da teoria da vulnerabilidade estrutural desenvolvida nos últimos anos, que se centra na análise e prevenção de cenários de colapso de objectos complexos [16].

# CAPÍTULO 2. DESENVOLVIMENTO DE UM MODELO MATEMÁTICO PARA AVALIAÇÃO DE RISCO UTILIZANDO MATRIZES DE RISCO

## 2.1 Análise de danos

*Os* danos causados por situações perigosas na infra-estrutura ferroviária e no material circulante de natureza humana, natural e terrorista, são determinados por três componentes básicos:

$$UT\, US\, U\, N,$$

onde o $UT$ danifica os objectos da tecnosfera;

$US$ - danos para o ambiente;

$ONU$ - danos para a população (o indivíduo e a sociedade como um todo).

Os danos $UTG$ são determinados pela soma dos danos resultantes de danos e destruição de material circulante e infra-estruturas HSE, edifícios e estruturas industriais $UTP$, danos resultantes de danos e destruição de instalações civis (residenciais) $UTG$, danos resultantes de danos e destruição de instalações HSE externas (transporte, energia, condutas e outros sistemas) $UTI$:

$$UT = UTN + UTG + UTI.$$

Os danos ambientais *dos EUA* são determinados pela soma dos danos causados ao solo $USp$, o ambiente aquático $USa$, o ambiente aéreo $USc$, a flora $USr$ e a fauna $USg$:

$$US = USn + USa + USv + USr + USj.$$

Os danos para a população *da ONU* consistem na perda de vidas humanas e danos para a saúde *da* população da $ONU$.

$$UN = UNj + UNz.$$

Os ferimentos são divididos em dois grupos, de acordo com a natureza da sua ocorrência:

- directo (primário), associado aos impactos directos dos perigos $U_1$ nas instalações de transporte ferroviário;

- indirecta (secundária), associada à consequente manifestação no tempo de perigos $U_2$ nas instalações de transporte ferroviário.

Assim, os danos podem ser vistos como a soma dos danos directos e indirectos

$$U = U_1 + U_2.$$

Os componentes básicos dos danos podem ser definidos separadamente para os efeitos primários e secundários dos factores de impacto:

- para a *UT*: $$UTN = UTNP1 + UTNP2,$$
$$UTG = UTG1 + UTG2,$$
$$UTI = UTI1 + UTI2;$$

- Para os *EUA*: $$USn = USn1 + USn2,$$
$$USa = USa1 + USa2,$$
$$USc = USc1 + USc2,$$
$$USr = USr1 + USr2,$$
$$USj = USj1 + USj2;$$

- para a *ONU*: $$UNz = UNz1 + UNz2.$$

Os danos são quantificados por dois tipos de parâmetros:

– unidades naturais - escalas (número de instalações danificadas e pessoas afectadas, área de territórios contaminados e danificados);

– unidades económicas equivalentes (rublos).

Os danos directos (primários) e indirectos (secundários), tendo em conta os componentes básicos, são determinados para os seguintes casos de cálculo:

– para o tempo de ocorrência e desenvolvimento de situações perigosas reais UF; - para o tempo após a realização de emergências *UE*;

– para o tempo previsto de possíveis emergências *UB*,

$$U = \text{UF} + \text{UN} + \text{UV}.$$

Nas avaliações determinísticas dos danos primários e secundários, são tidos em conta os estudos de viabilidade de projectos e instalações de produção, documentos técnicos e regulamentares e estimativas.

As estimativas estatísticas de danos primários e secundários utilizam informação generalizada sobre emergências contida nos relatórios estatais do Ministério das Situações de Emergência, do Ministério dos Transportes, de Gostekhnadzor, e do Serviço Estatal de Segurança Industrial do Uzbequistão, bem como informação de indústrias e agências.

Avaliações probabilísticas de dados de simulação de utilização de danos primários e secundários, dados sobre as zonas prováveis de acção dos factores prejudiciais, e dados estatísticos probabilísticos sobre a vulnerabilidade das instalações, do ambiente e da população em várias situações perigosas.

Os métodos de extrapolação de dados, bem como os métodos de julgamento por peritos, podem ser utilizados para prever danos primários e secundários.

As avaliações detalhadas dos danos secundários devem reflectir as tendências para uma transição faseada para a utilização de mecanismos de seguro, a introdução de actividades de prevenção e monitorização dos riscos.

A implementação de um cenário de acidente particular $s_i$ ($i$ = 1, 2, ..., $N$) leva a que o objecto (sistema) atinja o correspondente estado final danificado KSi, associado ao dano $U$(KSi) (ver Fig.2.1).

A avaliação do dano consiste em determinar o valor do dano em espécie ou em dinheiro (avaliação económica). Os principais tipos de consequências são:

- perda de vidas ou danos para a saúde pública;

- consequências socioeconómicas (perda de um determinado tipo de propriedade, custos de reinstalação, indemnização das vítimas, lucros perdidos com contratos não concluídos e rescindidos, perturbação da actividade económica normal, deterioração dos meios de subsistência das pessoas);

Os principais componentes dos danos directos (Figura 2.1):

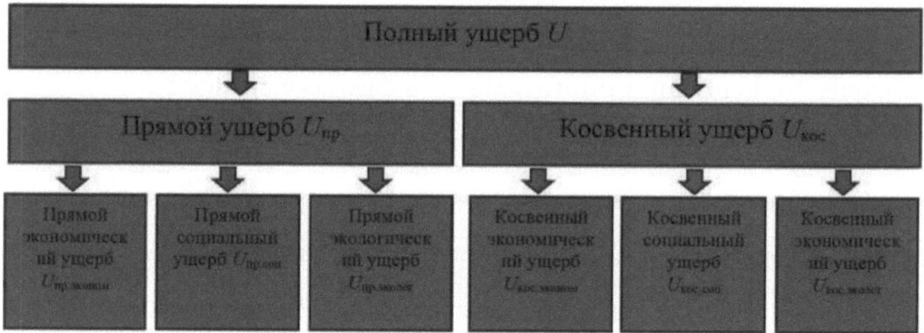


Figura 2.1. - Estrutura do dano total

Os danos directos resultantes de um acidente numa instalação são geralmente entendidos como perdas e danos a todas as estruturas da economia nacional que são afectadas pelo acidente. Ao considerar a estrutura dos danos directos, distinguem-se os danos económicos directos, os danos ambientais directos e os danos sociais directos.

Os principais componentes dos danos indirectos (Figura 2.1): Os danos indirectos incluem perdas incorridas fora da área de impacto directo de um acidente. Tal como os danos directos, os danos indirectos dividem-se em danos económicos, ambientais e sociais.

Os danos económicos indirectos incluem os seguintes componentes:

– alteração no volume e estrutura da produção industrial (por tipo);

– alterações nos indicadores de desempenho na indústria;

– reforma antecipada de activos fixos de produção e instalações de produção;

– os danos causados pela reconfiguração forçada dos sistemas de controlo (custos adicionais da utilização de estações de controlo sobressalentes, custos adicionais da utilização de equipamento de comunicação móvel).

A estrutura de danos proposta em (Fig. 2.1.) permite representar os danos multicomponentes de um acidente real ou hipotético numa instalação de transporte ferroviário como um vector de danos, que corresponderá a um determinado estado final $U(KSi)$ do sistema "instalação de infra-estruturas ou material circulante - ambiente".

Ao organizar actividades destinadas a assegurar a protecção das infra-estruturas e do material circulante, é necessário assumir que o funcionamento de sistemas técnicos tão complexos sem falhas é fundamentalmente impossível. Ao realizar actividades destinadas a melhorar a segurança do local, devem ser desenvolvidas medidas não só para reduzir a probabilidade de incidentes e acidentes, mas também para minimizar as suas consequências [11].

Devido ao elevado nível de incerteza em cenários adversos, é preferível fazer estimativas probabilísticas de danos. O número praticamente ilimitado de cenários de escalada de acidentes e possíveis estados finais do sistema exige a divisão dos cenários em grandes grupos e a sua ordenação pelo nível de danos esperados, o que torna possível construir uma curva de distribuição de danos.

O procedimento para desenhar a curva de distribuição de danos é o seguinte.

a) Os cenários de falha são identificados $s_i$, $i = 0, 1, 2, ..., N$

do sistema (o cenário $s_0$ corresponde ao sistema que desempenha com sucesso as suas funções com dano zero). Para cada cenário $s_i$, a probabilidade da sua ocorrência $p_i$ e a dimensão das consequências $u_i$ são determinadas.

b) A tabela de dados recebidos é ordenada aumentando a gravidade das consequências $u_1 \leq u_2 \leq ... \leq u_N$ e é introduzida uma coluna adicional na qual é introduzida a probabilidade de o dano exceder o valor $u_i$:

$$P_i(U > u_i) \begin{cases} \sum_{l=i+1}^{N} p_l = P_{i+1} + p_{i+1}, i < N; \\ 0; i = N \end{cases}$$

Isto produz uma tabela de linhas N+1 (de 0 a $N$) e 4 colunas: cenário, probabilidade do cenário, dano e a probabilidade de que o dano (se algum dos cenários for realizado) possa exceder o dano de um determinado cenário (Tabela 2.1).

Quadro 2.1 - Lista ordenada de cenários

| Roteiro | Uma medida de oportunidade | Consequências | Probabilidade de exceder o valor $u_i$ : $P(U\ u_i)$ |
|---|---|---|---|
| S0 | p0 | u1 | P0 1 |
| S1 | p1 | u1 | P1 P2 p1 |
| S2 | p2 | u2 | P2 P3 p2 |
| ... | ... | ... | ... |
| *Si* | *Pi* | *Ui* | *Pi Pi1 pi* |
| ... | ... | ... | ... |
| *SN*$_1$ | *pN*$_1$ | *uN*$_1$ | *PN*$_1$ *PN PN PN*$_1$ |

| SN | pN | uN | PN pN |
| --- | --- | --- | --- |

Neste caso, cada cenário $s_i$ pode ser considerado como um ponto $u_i$; $P_i$на do plano "dano - probabilidade de exceder o dano" $(u, 0, P)$ . Depois, traçando um conjunto de pontos no plano $(u, 0, P)$ $u_i$; $P_i$ $i$ 0, 1, 2, L, $N$, pode ser obtida uma função de distribuição de danos por etapas (Figura 2.2).

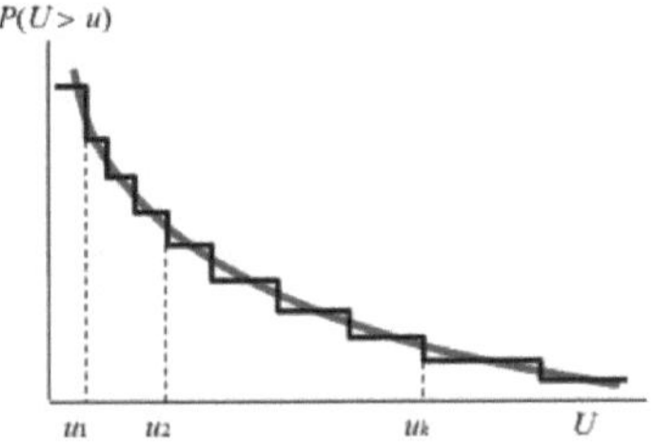


Figura 2.2 - Distribuição dos danos de acordo com cenários de acidente nas instalações

c) Em seguida, constrói-se o envelope do diagrama de passos, que é uma característica integral dos danos para o objecto em questão.

Obviamente, a própria forma da curva de distribuição $E[P(U > u_i)]$ terá algum nível de incerteza tanto sobre os valores das probabilidades $P(U > u_i)$ de exceder um certo valor de dano, como sobre os valores de danos $u_i$ correspondentes a uma certa probabilidade de excedência (Figura 2.3).

Figura 2.3 - Incerteza na probabilidade e magnitude dos danos

As actividades de redução de danos limitam-se a garantir que a curva de distribuição de danos se desloca para a origem das coordenadas. A figura 2.4. mostra curvas de distribuição de danos para o mesmo objecto sob duas estratégias de protecção:

- A estratégia de funcionamento por $£_{min}$ inclui um conjunto mínimo de medidas de protecção;

- A estratégia operacional $£_{max}$ fornece o conjunto mais abrangente de medidas de protecção.

Obviamente, a expectativa matemática de danos para a estratégia $£_{max}$ será significativamente menor do que para a estratégia $£$ $._{min}$

Figura 2.4 - Deslocamento da curva de distribuição de danos ao implementar medidas de protecção

É prática comum distinguir entre danos de rotina, base de concepção e para além da base de concepção/acidentes hipotéticos numa instalação, ao seleccionar medidas para reduzir os danos esperados:

72

- Os acidentes regulamentares envolvem desvios das condições normais de funcionamento durante o funcionamento normal de uma instalação e resultam em danos menores;

- acidentes de concepção, que se caracterizam por modos de funcionamento fora do normal de unidades individuais de uma instalação, acompanhados de danos previsíveis e aceitáveis;

- para base de concepção e hipotéticos acidentes envolvendo danos irreversíveis a elementos críticos das instalações com elevados danos e perda de vidas. E alguns cenários de tais acidentes podem levar à destruição completa da instalação e à escalada do acidente para além da instalação, acompanhados de enormes danos indirectos na área onde a instalação está localizada e no país como um todo.

Um conjunto apropriado de acções de protecção pode ser formado para estes tipos de acidentes:

- As medidas destinadas a reduzir os danos resultantes de acidentes de regime devem concentrar-se na melhoria dos processos tecnológicos, aumentando a fiabilidade dos elementos das instalações e a qualidade dos seus trabalhos de monitorização e reparação das condições técnicas, bem como na melhoria das qualificações do pessoal.

- As medidas para reduzir os danos decorrentes de acidentes com base na concepção, para além das acima enumeradas, envolvem também a melhoria da capacidade de sobrevivência da instalação (incluindo a melhoria da topologia do sistema, a introdução de redundância, a melhoria dos sistemas de controlo e o estabelecimento de sistemas de protecção).

- As medidas para reduzir os danos decorrentes de base de concepção e hipotéticos acidentes, para além das acima enumeradas, incluem a localização racional da instalação, tendo em conta a localização de outras instalações na possível zona de impacto de um acidente na instalação, reforçando as forças e melhorando os procedimentos de resposta a emergências, aumentando a prestação de serviços de emergência, estabelecendo fundos de reserva, mecanismos de seguro e resseguro.

As medidas para minimizar as consequências dos acidentes devem ser classificadas de acordo com o seu calendário:

- Medidas tomadas durante a concepção, construção e fase operacional (antes de um acidente): localização racional da instalação; estabelecimento de sistemas de monitorização e de sistemas de protecção global; organização de monitorização contínua de elementos críticos e inspecções periódicas do seu estado; organização de procedimentos preventivos de reparação e substituição de elementos danificados, após inspecções de rotina; identificação dos cenários de acidente mais perigosos e construção de protecções especiais concebidas para minimizar a probabilidade de realização

- medidas tomadas durante a escalada de um acidente: activação dos sistemas de protecção, encerramento de emergência da instalação, implementação de um plano de emergência;

- medidas pós-acidente: trabalho de salvamento, medidas de resposta de emergência, trabalho de recuperação.

As medidas para minimizar os danos na instalação devem ser divididas em acções destinadas a reduzir os danos económicos, sociais e ambientais. A redução dos danos económicos envolve esforços para proteger os activos fixos dos efeitos dos factores prejudiciais de possíveis acidentes e para aumentar a resiliência dos processos tecnológicos às falhas. A redução dos danos sociais é conseguida através da protecção do pessoal do local e da população dos territórios adjacentes, da localização racional do local e da criação de zonas sanitárias em redor do local. A redução dos danos ambientais inclui esforços para proteger as massas de água, a atmosfera, a cobertura do solo da entrada de substâncias perigosas e as energias libertadas durante a escalada de possíveis acidentes.

As medidas práticas para reduzir os danos causados por potenciais acidentes nas instalações de HSE baseiam-se em medidas preventivas específicas de natureza científica, de engenharia e tecnológica implementadas para combater os perigos naturais e de origem humana. Uma parte significativa destas actividades é realizada no âmbito da engenharia, radiação, protecção química e médica da população e territórios adjacentes aos locais da instalação.

As medidas de atenuação de danos são específicas do local.

No entanto, estas medidas têm fundamentos científicos, de engenharia e tecnológicos comuns que servem de base metodológica para a redução de danos. Como exemplos de medidas possíveis, podemos citar as seguintes: melhoria dos processos tecnológicos, aumento da fiabilidade do equipamento tecnológico e da fiabilidade operacional, renovação atempada dos activos fixos, utilização de concepção e documentação tecnológica de alta qualidade, utilização de matérias-primas, materiais, componentes, envolvimento de pessoal altamente qualificado, criação e utilização de sistemas eficazes de controlo tecnológico e diagnóstico técnico, paragem sem acidentes do processo de produção, e melhoria da qualidade do processo de produção.

Uma área de redução eficaz dos danos é a construção e utilização de estruturas de contenção.

Outra direcção de medidas para reduzir os danos de acidentes são as medidas para melhorar a resiliência física das instalações. Em particular, a construção sísmica em zonas propensas a sismos deve ser notada, bem como o reforço sísmico de edifícios e estruturas construídas anteriormente sem ter em conta a sismicidade. A construção à prova de terramotos é realizada com base na resistência máxima dos terramotos que podem ocorrer nas áreas de construção. Esta área de medidas preventivas inclui também medidas para melhorar a resiliência física das instalações.

Uma característica distintiva das instalações de transporte ferroviário é a sua integração nas infra-estruturas interligadas de transporte, energia e telecomunicações que suportam a subsistência da população e da economia. Os acidentes em instalações de HSE que fazem parte dos sistemas de transporte da rede de infra-estruturas relevantes podem levar a falhas em cascata quando estes sistemas são operados em condições de carga elevada. Um bloco separado de medidas deve, portanto, ser dedicado à redução dos danos em cascata associados à perturbação das infra-estruturas de rede. O bloco deve incluir um conjunto de medidas:

- melhorar a topologia das infra-estruturas de rede com a introdução de ligações adicionais permitindo a redistribuição da carga em caso de falha de elementos individuais;

- aumentando a reserva de carga marginal, permitindo que os elementos do sistema resistam às cargas adicionais resultantes da redistribuição da carga após a falha de elementos individuais;

- Desenvolver um sistema de fontes autónomas de fornecimento de serviços e recursos básicos à população e às instalações da economia necessárias à sua subsistência; e estabelecer reservas de emergência em caso de acidentes graves e interrupções de fornecimento relacionadas.

## 2.2 Apresentar os resultados da avaliação dos riscos
### Utilização de matrizes de risco

Considerar o risco diferencial $r(Skl)$ associado à realização de um cenário de acidente particular $Skl$, que se caracteriza por um impacto inicial adverso $Hk$, causando a realização de um estado adverso particular do objecto KCI, expresso como

$$r(S_{kl}) = P(H_r) * P(KC_l|H_k) \cdot U(KC_1)$$

onde $P(H_k)$ é o perigo definido como a probabilidade de realização de um impacto inicial adverso (evento) $H_k$ ; o objecto que atinge um estado CC indesejável$_1$ em caso de impacto adverso $H_k$ ; $U_{kl1} \equiv U\,S_{kl}$ - dano quando o objecto atinge um estado CC indesejável, idêntico ao dano do cenário de acidente $S$ KC .

Assim, os resultados da análise de risco e vulnerabilidade permitem estimar a probabilidade de realização do evento complexo $\alpha$ associado à realização do cenário $S_{kl} \equiv S_{kl}$ que é que ocorre um impacto adverso $Hk$ e o objecto atinge um estado danificado $KS_1$ : $S_{kl}\,Hk \cap {}_l$ KC. A probabilidade de um acontecimento adverso complexo $\alpha$ é idêntica às consequências caso o sistema atinja o estado final de $KS_1$ : $C \equiv CS_{kl}$ CKC $_1$

A expressão para risco diferencial pode ser escrita como o produto de dois factores - a probabilidade de um acontecimento adverso e as suas consequências (ver (4.1))

$$r(S_{kl})\, P(S_{kl})\, X\Sigma\kappa\lambda$$

ou

$$r()\, \Pi()\, X$$

A forma de registo apresentada permite uma abordagem de avaliação de risco baseada na utilização das chamadas matrizes de risco.

A fim de sistematizar e analisar as estimativas de probabilidade e consequência resultantes, as escalas de probabilidade e consequência são divididas em intervalos, aos quais são atribuídas categorias no Quadro 2.3.

Quadro 2.3. Matriz de Probabilidade - Pessimidade de Consequências

| | Cenário de falha | Consequências de um cenário de falha | | | |
| --- | --- | --- | --- | --- | --- |
| | | Negligenciado pequeno | Não-crítico | Crítico | Catastrófico |
| | | $<10^3$ | $10^3 \dots 10^5$ | $10^5 \dots 10^6$ | $>10^6$ |
| Probabilidade | Frequente (>1 por ano) | $R=2$ | $R=3$ | $R=4$ | $R=4$ |
| | Provavelmente (1...$10^{-2}$ por ano) | $R=1$ | $R=2$ | $R=3$ | $R=4$ |
| | Possível ($10^{-2} \dots 10^{-4}$ por ano) | $R=1$ | $R=2$ | $R=3$ | $R=3$ |
| | Raro ($10^{-4} \dots 10^{-6}$ por ano) | $R=1$ | $R=1$ | $R=2$ | $R=3$ |
| | Quase inacreditável ($<10^{-6}$ por ano) | $R=1$ | $R=1$ | $R=1$ | $R=2$ |

A grelha divide o primeiro quadrante do plano de probabilidades de impacto num conjunto de células, a cada uma das quais é atribuído um certo nível de criticidade, também referido com certos pressupostos como nível de risco $R$. A matriz de probabilidade-impacto resultante é normalmente chamada matriz de risco, embora este nome deva ser usado com alguma cautela, uma vez que a possibilidade de avaliação de risco utilizando tais matrizes precisa de ser confirmada.

As categorias de criticidade (risco) indicadas no Quadro 2.3. correspondem às seguintes medidas: *1* - risco não tomado em consideração -

não é necessário analisar e tomar medidas de segurança especiais (adicionais); *2* - risco aceitável - recomenda-se uma análise de risco qualitativa ou algumas medidas de protecção; *3* - risco indesejável - recomenda-se uma análise de risco quantitativa ou a tomada de algumas medidas de segurança; *4* - risco inaceitável - é obrigatória uma análise de risco quantitativa e a tomada de algumas medidas de protecção.

Assim, a matriz de risco é uma tabela, de dimensão $m \times n$, constituída por $m$ filas correspondentes às probabilidades de vários eventos perigosos (eventos naturais extremos, falhas de elementos do sistema ou ataques terroristas ao sistema), e $n$ colunas correspondentes às diferentes escalas de consequências desses eventos.

As linhas da matriz são formadas pela divisão da escala de consequências em $n$ categorias qualitativas: (por exemplo, "menor", "moderado", "severo", "catastrófico"). Ao mesmo tempo, as consequências $x$ de cada acontecimento adverso $\alpha$ cairão numa destas $n$ categorias de consequências (por exemplo, C "grave"). As colunas da matriz são definidas dividindo a escala de probabilidade em $m$ categorias qualitativas: (por exemplo, "quase improvável", "improvável", "bastante provável", etc.). Além disso, a probabilidade $P\alpha$ de cada acontecimento adverso $\alpha$ será atribuída a uma das categorias $m$ acima enumeradas (por exemplo, P "bastante provável"). Assim, cada célula $\delta_{ij}$ da matriz de risco é definida por um par de valores qualitativos de probabilidade $P_i$ e consequências $C_j$ e define um dos $s$ níveis qualitativos de risco $R = l$, $l = 1, 2, ..., s$ para todos os pontos pertencentes a esta célula. Este nível especifica as medidas de redução do risco (segurança).

Assim, cada evento adverso $\alpha$ corresponderá a um par de valores qualitativos na escala de probabilidade e consequência $(P\alpha; C\alpha)$, permitindo atribuir este evento a uma determinada célula $\delta_{ij}$ da matriz de risco, à qual é atribuído um determinado nível de risco $R(\delta_{ij}) = l$, $l = 1, 2, ..., s$. Por exemplo, a realização do evento ligado à perda de aperto de um recipiente de pressão pode ser atribuída a um par de valores $(p_\alpha = $ "provável", $c_\alpha = $ "grave") que faz com que este evento caia numa célula à qual os peritos que geraram a matriz de risco tenham atribuído um nível de risco $R = $ "elevado". Além disso, como o nível de risco é considerado inaceitável, são seleccionadas medidas para reduzir o nível de risco.

Se as matrizes de risco forem construídas correctamente, a exigência da chamada *fraca consistência* com os resultados da avaliação quantitativa do risco deve ser cumprida. Isto significa que se os eventos $\alpha$ e $\beta$ correspondem a riscos quantitativos $r_\alpha = p_{\alpha\text{-}c\alpha}$ e $r_\beta = \delta_{B}\text{-}c\beta$, com $r_\alpha \geq r_\beta$, então a matriz de risco deve ser construída de modo a que à célula $p\beta$, na qual o evento $\alpha$ cai, seja atribuído um nível de risco $R(\delta A)$ que não seja inferior ao nível de risco $R(\delta B)$ atribuído à célula $\delta B$, na qual o evento $\beta$ cai: $R(\delta A) \geq R(\delta B)$. Por exemplo, se o evento $\alpha$ cai numa célula à qual é atribuído um nível de risco "médio", a célula à qual o evento $\beta$ cai deve ser atribuído um nível "médio" ou "baixo" (mas não "alto"). Neste caso, a matriz de risco permite-nos distinguir entre riscos altos e baixos com um certo grau de confiança. Ou seja, da condição $r_\alpha \geq r_\beta$ segue-se que $R(\delta A) \geq R(\delta B)$. Se este requisito não for cumprido, então um evento $\alpha$, ao qual é atribuída uma classificação de risco inferior a um evento $\beta$, pode de facto corresponder a um risco quantitativo mais elevado $r_\alpha > r_\beta$.

A análise mostra que a fraca exigência de consistência, é um constrangimento bastante forte na construção de matrizes de risco. Dois lemas são provados no papel [17]:

Lemma 1: Se a matriz satisfaz o requisito de consistência fraca: então as células às quais é atribuído um nível de risco "elevado" não devem fazer fronteira com células às quais é atribuído um nível de "baixo".

Lemma 2: A nenhuma das células da coluna mais à esquerda ou da linha mais baixa pode ser atribuído um nível de risco máximo.

Segue-se que é difícil avaliar os riscos de eventos extremos (eventos com baixas probabilidades de ocorrência e danos extremamente elevados) utilizando matrizes de risco.

A hipótese de que a matriz de risco é uma representação qualitativa aproximada da escala de risco quantitativa original (possivelmente desconhecida) (Figura 2.5) sugere que incrementos arbitrariamente pequenos na probabilidade e no tamanho das consequências não devem levar a saltos na priorização do risco do mais baixo para o mais alto nível de risco sem cruzar um nível intermédio.

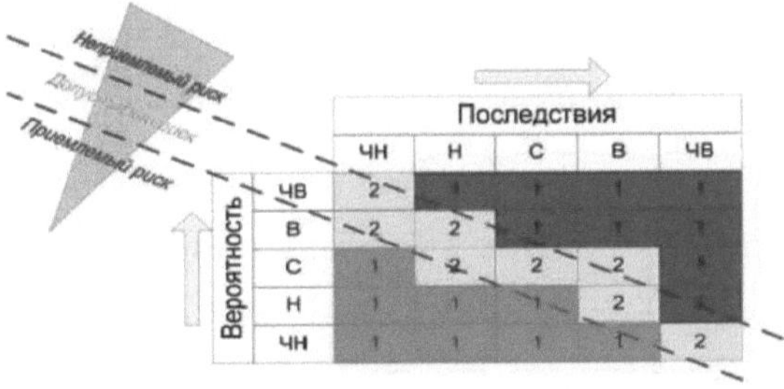


Figura 2.6. - Formação de uma matriz de risco baseada nos limites quantitativos da escala de risco (WH - extremamente baixo, L - baixo, S - médio, H - alto, HH - extremamente alto)

De facto, se os níveis crescentes de risco na matriz de risco representam (pelo menos aproximadamente) intervalos sucessivos de alguma escala de risco quantitativa original, então, com um aumento contínuo do risco de 0 para o valor máximo, os correspondentes níveis qualitativos de risco devem também aumentar consistentemente. Deve haver pelo menos um nível intermédio entre os níveis qualitativos mínimo e máximo.

Assim, outro requisito para a construção de matrizes de risco pode ser formulado, chamado requisito de nível intermédio: a matriz de risco deve ser formada para que qualquer linha recta que tenha um gradiente positivo e que comece numa célula com um nível de risco "baixo" e termine numa célula à qual foi atribuído um nível de risco "alto" passe por uma (ou mais) célula que tenha um nível de risco "intermédio" (ou mais intermédio).

Contudo, é de notar que a justificação teórica para a utilização de matrizes de risco como instrumento de comparação de riscos para instalações de transporte ferroviário requer um maior desenvolvimento. Há uma série de dificuldades associadas a esta abordagem:

Em primeiro lugar, as escalas utilizadas são ordinais. Uma vez que muitas operações matemáticas, em particular adição e multiplicação, não são definidas em escalas ordinais, surgem inevitavelmente problemas quando se tenta avaliar o nível de segurança de uma instalação como um todo utilizando matrizes de risco. De facto, discutimos acima a avaliação dos riscos diferenciais associados à realização de eventos adversos individuais na instalação em questão. Os sistemas complexos caracterizam-se pela existência de múltiplos cenários de falha, realizados com probabilidade $p_i$, e com consequências $c_i$. A fim de tomar uma decisão sobre a possibilidade de operar a instalação como um todo, é necessário, utilizando métodos de análise de risco quantitativos, estimar o valor do risco integral

$$r_{\Sigma\square} = \sum_i p_i * c_i$$

e comparar o valor recebido com o valor máximo admissível de gdop de risco. Obviamente, revela-se impossível resolver a tarefa colocada por meio de matrizes de risco, uma vez que as matrizes de risco permitem receber apenas uma avaliação qualitativa dos níveis de $R_i$ de risco diferencial, ligada à realização de falhas separadas. No entanto, os níveis de risco obtidos não podem ser resumidos de modo a estimar o nível de risco integral.

É de notar que as matrizes de risco assumem uma estimativa para um acontecimento adverso baseada num par de valores ("probabilidade"; "consequências") e uma classificação do risco associado a esse acontecimento, mas não respondem à questão do custo das medidas de redução do risco.

Além disso, foi demonstrado em [17-19] que a utilização de matrizes de risco nem sempre é conducente à implementação de princípios de gestão baseados no risco. Muitas vezes a utilização desta abordagem resulta em riscos completamente diferentes agrupados numa única célula. Deve também salientar-se que as matrizes de risco produzem com bastante frequência resultados que são inconsistentes com os resultados da avaliação quantitativa do risco, uma vez que apenas os valores médios (expectativas mate) das distribuições de probabilidade e consequência são considerados e a variância destas quantidades não é tida em conta.

A atribuição de níveis de risco é altamente subjectiva e reflecte a percepção de risco pelo perito que forma a matriz ou atitude em relação à segurança adoptada pela empresa que opera a instalação. Nas Figuras 2.6(a) e (b) são apresentados exemplos de abordagens conservadoras e baseadas no risco para a avaliação e gestão da segurança, onde $R = 1$ - baixo risco, não são necessárias medidas de protecção; $R = 2$ - risco médio, são implementadas medidas de protecção sempre que possível, mas as actividades podem continuar; $R = 3$ - alto risco, é necessária a implementação urgente de medidas de protecção ou o funcionamento da instalação deve ser suspenso.

<table>
<tr><td rowspan="7">Вероятность</td><td colspan="6">Последствия</td></tr>
<tr><td></td><td>ЧН</td><td>Н</td><td>С</td><td>В</td><td>ЧВ</td></tr>
<tr><td>ЧН</td><td>3</td><td>3</td><td>3</td><td>3</td><td>3</td></tr>
<tr><td>Н</td><td>2</td><td>2</td><td>3</td><td>3</td><td>3</td></tr>
<tr><td>С</td><td>1</td><td>2</td><td>2</td><td>3</td><td>3</td></tr>
<tr><td>С</td><td>1</td><td>1</td><td>1</td><td>2</td><td>3</td></tr>
<tr><td>ЧВ</td><td>1</td><td>1</td><td>1</td><td>2</td><td>3</td></tr>
</table>

a) Um perito que evita o risco

<table>
<tr><td rowspan="7">Вероятность</td><td colspan="6">Последствия</td></tr>
<tr><td></td><td>ЧН</td><td>Н</td><td>С</td><td>В</td><td>ЧВ</td></tr>
<tr><td>ЧН</td><td>1</td><td>2</td><td>3</td><td>3</td><td>3</td></tr>
<tr><td>Н</td><td>1</td><td>2</td><td>2</td><td>3</td><td>3</td></tr>
<tr><td>С</td><td>1</td><td>1</td><td>2</td><td>2</td><td>3</td></tr>
<tr><td>С</td><td>1</td><td>1</td><td>1</td><td>1</td><td>2</td></tr>
<tr><td>ЧВ</td><td>1</td><td>1</td><td>1</td><td>1</td><td>1</td></tr>
</table>

b) Um perito em assumir riscos

Figura 2.6. - Exemplos de conservadores e baseados no risco
Abordagens para a avaliação e gestão da segurança

No entanto, a construção de matrizes de risco é agora um dos métodos mais comuns e aceites para avaliar a segurança e desenvolver medidas de redução de risco.

A exactidão da representação do risco e a fiabilidade das conclusões derivadas das matrizes de risco dependem da distribuição mútua dos valores de probabilidade e das consequências.

A matriz de risco mais simples (Figura 2.6) tem uma dimensão de 2 x 2. Deixar os dois factores de risco - probabilidade $P$ e consequência $C$ - tomar valores na gama de 0 a 1 (aqui os valores de dano são normalizados por graus de dano do sistema, com $C = 0$ correspondente a um sistema intacto, e $C = 1$ correspondente a uma falha total do sistema ou a um máximo de consequências graves). A cada par $(P; C)$ é atribuído um valor de risco quantitativo $R = P\text{-}C$. Na formação da matriz de risco, deve ser escolhido o limite de áreas entre valores baixos e altos *de P* e *C*. Que $x \in 0;1$- um valor limite entre a probabilidade baixa e alta de um evento adverso no sistema em questão, e $y \in 0;1$- um valor que é a fronteira entre consequências baixas e graves.

A fim de avaliar a eficácia das matrizes de risco como instrumento de apoio à decisão para implementar medidas de protecção, considerar o seguinte problema. Deixar que os recursos disponíveis sejam suficientes para enfrentar apenas um dos riscos. O decisor deve determinar qual dos dois riscos ($\alpha$ ou $\beta$) deve ser tratado em primeiro lugar.

As variáveis aleatórias P e C são assumidas como independentes e distribuídas uniformemente ao longo do intervalo [0; 1]. Existe apenas informação sobre a célula da matriz de risco a que cada um dos riscos pertence. É necessário determinar quantitativamente qual dos riscos é o maior. O objectivo é avaliar se a categorização qualitativa dos riscos quantitativos que é realizada utilizando a matriz de risco pode ser utilizada para determinar uma solução que minimize os danos esperados.

Quadro 2.4 - Matriz de risco mais simples

| | | Consequências | |
|---|---|---|---|
| | | Luz | Pesado |
| **Probabilidade** | Alto | $R$ = "Média | $R$ = "Alto |
| | Baixo | $R$ = "Baixo | $R$ = "Média |

Os riscos de eventos $\alpha$ e $\beta$ podem ser classificados sem erro se o risco de um evento cair na célula de risco "baixo" e o risco do outro na célula de risco "alto", porque neste caso qualquer risco da célula "alto" é qualitativa e quantitativamente maior do que o risco da célula "baixo". A probabilidade de tal evento é 2-(1 - $x$)-(1 - $y$)-$x$-$y$. Esta função atinge um máximo de 0,125 quando $x = y = 0,5$. Caso contrário, quando dois riscos têm a mesma classificação qualitativa, não é possível utilizar a matriz de risco para seleccionar o risco a ser minimizado em primeiro lugar. Neste caso, a probabilidade de cometer um erro pode ser assumida como sendo de 0,5.

Como será mostrado abaixo (ver Lemma 1), onde um dos dois níveis de risco pertence à célula "média" e o outro à célula "baixa" ou "alta", existe também uma probabilidade de erro porque alguns pontos na célula com a classificação de qualidade mais alta têm valores de risco quantitativos mais baixos do que alguns pontos na célula com a classificação de qualidade mais alta. A probabilidade de dois riscos poderem ser correctamente classificados é $1 \therefore 2 * 1 \therefore 4 = 0,125$. Isto ocorre quando uma cai numa célula da diagonal 0;0,1;1 e a outra cai noutra célula da mesma diagonal. A probabilidade de que os dois riscos não possam ser classificados correctamente utilizando a matriz de risco é

A probabilidade de dois riscos poderem ser classificados com uma probabilidade de erro superior a 0 mas inferior a 50% é de 1 - 0,125 - 0,375 = 0,5.

Considere o caso mais geral. Let $x = y = 0,5$, mas as variáveis aleatórias $P$ e $C$ estão correlacionadas. Se $P$ e $C$ estiverem uniformemente distribuídos ao longo da diagonal $0;0,1;1$, então a probabilidade de os dois riscos serem categorizados sem erro (quando um dos riscos aparece na célula superior direita da diagonal e o outro aparece na célula inferior esquerda da mesma diagonal) é de 50%. Caso contrário, quando ambos os riscos acabam na mesma célula, a probabilidade de não haver erro é também de 50%. Assim, se $P$ e $C$ estiverem positivamente correlacionados, a probabilidade de erro é de 0,5-0,5 = 0,25.

Em contraste, onde os valores $P$ e $C$ estão negativamente correlacionados e distribuídos ao longo da diagonal $0;1,1;0$, então ambos os riscos serão classificados como "médios" (embora os seus valores numéricos variem entre 0 nas extremidades da diagonal 0;1,1;0и a 0,25 no meio da mesma diagonal). A matriz de risco não fornecerá, contudo, informações úteis sobre a classificação dos riscos. Ou seja, nestas condições (menos favoráveis), a matriz de risco não oferece qualquer vantagem sobre a selecção aleatória do risco prioritário e a probabilidade de erro aumenta para 0,5.

O exemplo mostra que as matrizes de risco podem ser úteis na categorização dos riscos e na atribuição de prioridades às acções de protecção se as variáveis aleatórias de probabilidade e consequência estiverem positivamente correlacionadas (Figura 2.7(a)). Tais distribuições ocorrem, por exemplo, em impactos terroristas onde existe uma relação positiva entre as consequências de um ataque terrorista e a probabilidade da sua ocorrência.

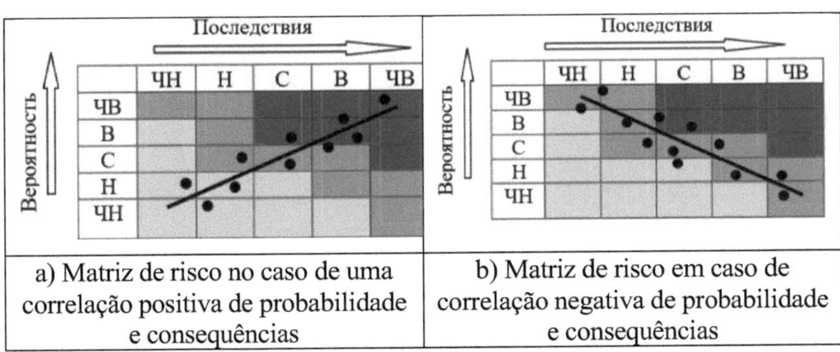


| a) Matriz de risco no caso de uma correlação positiva de probabilidade e consequências | b) Matriz de risco em caso de correlação negativa de probabilidade e consequências |
|---|---|

**Figura 2.7. - Utilização da matriz de risco para diferentes correlações de probabilidade e consequências**

No entanto, as estimativas e decisões tomadas utilizando matrizes de risco são frequentemente erradas quando existe uma correlação negativa entre a probabilidade e as consequências de um evento perigoso (Figura 2.7(b)). Infelizmente, isto é frequentemente encontrado quando se consideram acidentes em sistemas técnicos, onde tanto cenários de baixa probabilidade e graves consequências de falhas como cenários de alta probabilidade e baixas consequências são característicos.

## 2.3 Fase de tratamento de risco

O tratamento de risco é um processo iterativo e envolve

- escolhendo uma ou mais opções para medidas de redução de risco;

- planeamento de medidas de redução de riscos;

- realizar actividades de redução de riscos.

Um fluxograma que explica as acções na fase de tratamento do risco é mostrado na Figura 2.8

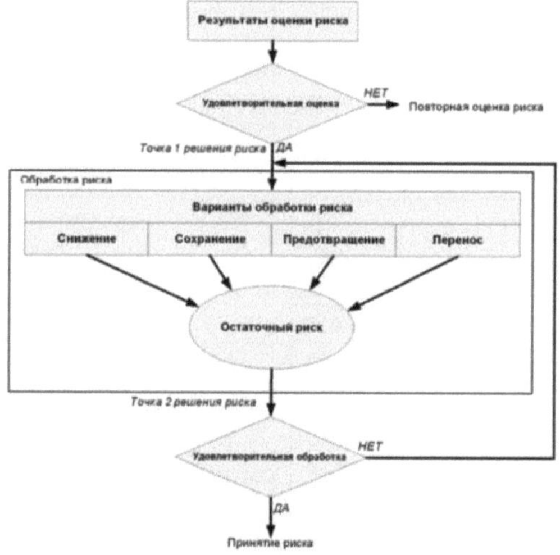


Figura 2.8. - Diagrama de tratamento de riscos

Os resultados da fase de avaliação do risco fornecem recomendações para a redução do risco, que são contributos para a fase de tratamento do risco. As medidas de mitigação de riscos podem ser de natureza *técnica* e/ou *organizacional*.

Na prática, as seguintes quatro opções de medidas de tratamento de risco são comummente utilizadas [20]:

- prevenção de riscos - consideração de formas de eliminar o perigo ou vulnerabilidade, ou de alterar um processo ou actividade para que o perigo já não lhe seja aplicável. Quando os riscos identificados são considerados demasiado elevados, pode ser tomada a decisão de parar ou abandonar completamente uma actividade planeada, ou existente;

- Transferência do risco - a transferência do risco para terceiros que podem assumir o risco, tais como companhias de seguros, ou através da transferência de funções para fornecedores de soluções de rede ou serviços de gestão de segurança, externalização. A transferência de riscos pode criar novos riscos ou modificar os riscos identificados existentes, pelo que poderá ser necessário um tratamento adicional dos riscos;

- Redução do risco - a aplicação de controlos adequados para falhas perigosas e outros eventos indesejáveis reduz a frequência (probabilidade) ou a dimensão das possíveis consequências. Cada controlo pode proporcionar um ou mais tipos de protecção: prevenção, contenção, detecção, mitigação, remediação, correcção, monitorização e informação;

- Aceitação do risco - decidir sobre todos os riscos restantes. A organização deve tomar a decisão de aceitar o risco com base nos critérios de aceitação. Esta decisão surge por duas razões. A primeira razão é mitigar com êxito o risco quando o risco residual após a implementação dos controlos não exceder os critérios de aceitação do risco. A segunda razão é manter o risco, ou seja, mesmo que o risco inicial ou residual exceda os critérios de aceitação do risco, a direcção da organização toma a decisão de aceitar o risco, tendo em conta várias condições, tais como orçamento, restrições de tempo, etc.

O tratamento de risco deve ser claramente priorizado, dentro de cada uma das quais serão implementadas opções individuais de tratamento de risco. A definição de prioridades pode ser feita utilizando uma variedade de métodos, incluindo a classificação dos riscos e a análise custo-benefício.

Como resultado do tratamento do risco, existe um risco residual, a decisão de o aceitar normalmente exige uma avaliação do mesmo.

## 2.4 Monitorização dos riscos e fase de revisão

O principal objectivo da monitorização dos riscos é reduzir a incerteza na avaliação dos riscos. A utilização de informações de risco na tomada de decisões de gestão de risco traz a monitorização do risco para o ciclo de gestão do risco, o que permite que o processo de monitorização do risco seja considerado como parte integrante do processo de tomada de decisões de gestão do risco.

O risco também é monitorizado no processo de controlo da eficácia das decisões de gestão do risco.

Assim, funcionalmente, a monitorização do risco está estreitamente ligada tanto às funções de análise e avaliação como às funções de gestão do risco.

As actividades de monitorização do risco devem ser repetidas regularmente, periodicamente, uma vez que os factores que afectam o risco podem estar em constante mudança. a frequência da monitorização é determinada separadamente para cada tipo de risco, dependendo da sua importância.

As tarefas de monitorização do risco no Quadro 2.5 podem ser dividias, grosso modo, em três grupos principais:

- tarefas de controlo analítico;

- tarefas de monitorização situacional;

- tarefas de monitorização operacional.

Quadro 2.5. -Tarefas de controlo de risco

| Controlo dos riscos | | |
|---|---|---|
| **Monitorização analítica** | **Monitorização da situação** | **Operacional monitorização** |
| Destacar os indicadores de risco | Observação de fontes de informação sobre riscos | Controlar os resultados<br><br>gestão de risco |
| Avaliar a magnitude do risco | Acompanhamento da dinâmica do risco | |
| Avaliação de risco | Controlo dos parâmetros que afectam o risco | |
| ***Formação de uma base de dados sobre a área de risco*** | | |

Funcionalmente, o **controlo analítico do risco** pode ser representado como um procedimento por etapas para a realização de várias operações (recolha, processamento, análise, apresentação e outras):

(a) É identificada uma lista de possíveis riscos;

b) Identificação de possíveis fontes de informação para monitorizar os riscos de acordo com a lista de riscos identificados e estruturados na etapa anterior;

c) recolha de informação a partir de fontes de informação de risco;

d) apresentação da informação recolhida em formas de exibição pré-determinadas para posterior processamento e análise;

e) Processamento e análise de dados utilizando métodos seleccionados de análise de risco. Vários métodos são utilizados nesta fase: modelação de processos cujo desenvolvimento pode dar origem a riscos; julgamento por peritos; processamento de conhecimentos difusos; identificação de perigos ocultos e outros;

(e) Com base nos resultados do processamento e análise de dados, são destacados indicadores de risco, tais como a ocorrência de novos perigos, alterações na frequência de ocorrência e gravidade das consequências de perigos já conhecidos, etc.

g) é realizada uma avaliação de risco com base nos atributos identificados, de acordo com os critérios de risco adoptados.

i) Analisar a qualidade da monitorização do risco do tipo em consideração e fazer recomendações sobre a gestão da qualidade da monitorização do risco;

(j) São feitos ajustamentos à tecnologia de monitorização de riscos à luz das recomendações feitas.

**A monitorização do risco situacional** é concebida para identificar, seguir e monitorizar sinais informativos de risco numa dada situação.

A monitorização situacional, bem como a monitorização analítica, pode ser representada como uma sequência de operações para o processamento de diferentes tipos de informação, realizadas sob a forma de um procedimento passo-a-passo. Dada a semelhança da descrição semântica das cinco primeiras operações tecnológicas (a-e) de monitorização analítica e situacional do risco, consideremos o procedimento passo a passo da monitorização situacional, a partir da sexta etapa (f):

(e) Modelação de processos de desenvolvimento do risco num determinado horizonte temporal, tendo em conta a evolução dos indicadores em resposta às alterações da situação;

g) avaliação rápida dos riscos utilizando um sistema de apoio à decisão de avaliação dos riscos;

i) a saída dos dados de avaliação de risco para o sistema de tomada de decisões de gestão de risco;

j) analisar o trabalho de monitorização do risco realizado e fazer recomendações para melhorar a tecnologia de monitorização da situação.

**A monitorização do risco operacional** é concebida para abordar a tarefa de monitorização do risco durante e como resultado da gestão do risco.

Ao abordar a gestão do risco, a monitorização operacional deve ser vista como uma das componentes funcionais da gestão do risco.

Tecnologicamente, a monitorização do risco operacional é um elemento do sistema de apoio à decisão de gestão do risco.

A monitorização do risco operacional tem duas tarefas principais:

- controlo do risco na gestão de um determinado tipo de risco;

- analisar a eficácia da gestão do risco.

O sistema de apoio à decisão para a gestão do risco aborda estas questões.

Os riscos não são estáticos. Os riscos, a sua ocorrência, frequência de ocorrência e consequências podem mudar significativamente como resultado de vários factores. A monitorização do risco, realizada em diferentes fases do processo de gestão do risco, é necessária para detectar e controlar estas alterações. A monitorização do risco pode resultar numa recomendação de revisão do risco.

Se não forem tomadas medidas especiais, em algum momento as avaliações de risco anteriormente obtidas serão incorrectas porque não terão em conta as alterações dos factores de influência que ocorreram. Por exemplo, novos perigos, alterações na sua probabilidade ou consequências podem aumentar significativamente os riscos anteriormente avaliados como baixos.

É efectuada uma análise de risco, geralmente envolvendo as fases de análise, avaliação e tratamento do risco:

(a) Ao identificar quaisquer alterações nos perigos, as suas manifestações, a sua frequência de ocorrência e a gravidade das suas consequências;

b) quando ocorrem alterações operacionais, técnicas, económicas, regulamentares, sociais e ambientais significativas.

## 2.5 A relação do pró-indústria com outros ciências e disciplinas

JSC "AGMK" é uma fábrica com perspectivas de crescimento da produção de minério de cobre devido às suas próprias jazidas. Em 2003, a AGMK aumentou a sua produção de minério de cobre em 2,7% para 27,33 milhões de toneladas (Fig. 2.9). A dinâmica da produção de minério de cobre AGMK no período 2000-2003 é estável. De acordo com as previsões da fábrica para 2004, a produção de minério de cobre deverá manter-se praticamente ao nível de 2003.

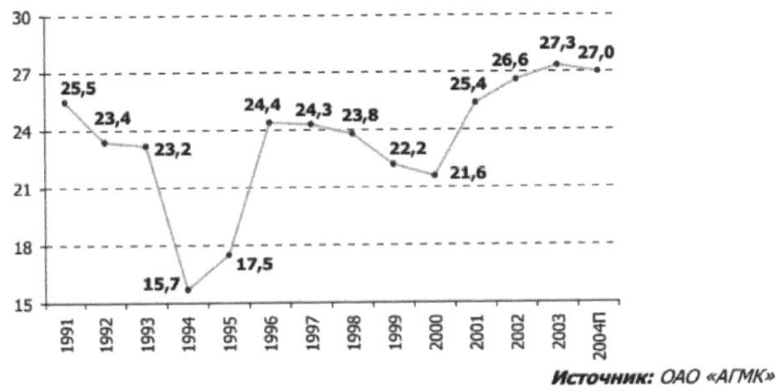


Fig. 2.9. Dinâmica do crescimento da produção de minério de cobre da AGMK, milhões de toneladas

Como referido, o minério de cobre é extraído nas duas maiores jazidas da AGMK, Kalmakyr e Sary-Cheku, a maior das quais é Kalmakyr, que representa 92% (em 2003) da produção total de minério da fábrica.

Apesar do aumento da produção de minério de cobre para a fábrica como um todo, é de notar que o crescimento se deve principalmente ao aumento da produção da mina Kalmakyr.

O processamento de minério na AGMK é efectuado nos seguintes concentradores: concentrador de cobre; concentrador de chumbo. A oficina de fundição está equipada com um forno reflector com uma capacidade anual de 50 mil toneladas de cobre blister, um forno de chama com uma capacidade de 65 mil toneladas, quatro conversores rotativos horizontais com capacidade de 75 toneladas cada e fornos rotativos anódicos com capacidade de 200 toneladas cada; uma célula electrolítica de cobre está equipada com banhos electrolíticos com uma capacidade anual de 147 mil toneladas de cátodo de cobre. esta instalação está equipada com banhos electrolíticos com uma capacidade anual de 147.000 toneladas de cátodo de cobre por ano, uma refinaria de ouro e prata (bem como selénio e telúrio) e uma instalação de lodo e cupreous com uma capacidade anual de 7.000 toneladas de sulfato de cobre. Acidente industrial - um acidente perigoso numa loja que resulte em danos a um ou mais fornos na extensão de uma revisão e (ou) morte de uma ou mais pessoas, inflição de ferimentos de gravidade variável às vítimas ou interrupção completa do processo tecnológico na área de emergência que exceda o tempo normativo. Nas catástrofes, as consequências são muito mais graves.

Emergências, acidentes e catástrofes, catástrofes naturais (inundações, deslizamentos de terras, furacões, incêndios, etc.) podem causar acidentes (catástrofes) de ambos os tipos e causar a perda de vidas em instalações metalúrgicas. Na área dos terramotos, as instalações da indústria metalúrgica estão sujeitas a destruição, danos e colapso. Para proteger tais instalações de riscos naturais, são utilizadas estruturas de engenharia apropriadas: galerias especiais e muros de contenção, estruturas de drenagem e de protecção de margens (valas, barragens, travessas, etc.).

Segurança das instalações da indústria metalúrgica - um estado de segurança dos processos contra acidentes operacionais, garantindo a segurança das matérias-primas e produtos finais, a segurança do pessoal, a preservação do ambiente natural e o bom funcionamento do processo.

Qualquer sistema autónomo, para existir de forma estável, necessita de subsistemas que sejam responsáveis pela protecção da segurança da sua própria existência e da segurança dos seus componentes individuais. Pode-se dizer que a consistência de tais subsistemas e mecanismos também determina a estabilidade do próprio sistema. Actualmente, existem vários ramos do conhecimento que lidam com a protecção de vários aspectos da vida humana. Tanto as leis físicas como as dependências especiais delas derivadas, que descrevem as alterações nas propriedades e estado dos materiais, podem ser divididas em dois grupos principais. Em primeiro lugar, estas são as leis que descrevem a relação entre processos reversíveis, onde, após a cessação da acção de factores externos, o material (e, consequentemente

parte) regressa ao seu estado inicial. Estas dependências são chamadas leis de estado. Em segundo lugar, existem leis que descrevem processos irreversíveis e, portanto, permitem estimar as alterações nas propriedades iniciais dos materiais que ocorrem ou podem ocorrer no funcionamento do produto. Estas dependências são chamadas leis de envelhecimento. As leis de estado podem ser divididas em leis estáticas, onde a dependência funcional que descreve a relação entre os parâmetros de entrada e saída não inclui o tempo, e em transientes, onde as alterações nos parâmetros de saída ao longo do tempo são tidas em conta. Exemplos típicos de leis estáticas de estado são a lei de Hooke, a lei da expansão térmica dos sólidos, etc. Estas leis são utilizadas para derivar dependências computacionais para a resolução de vários problemas de engenharia. As leis estáticas de estado, embora não incluam o factor tempo, podem ser utilizadas nos cálculos de fiabilidade se se souber que as características do produto se alteram durante o seu funcionamento. As leis estatais que descrevem processos transitórios, tais como oscilações de sistemas elásticos, processos de transferência de calor, etc., embora incluam o factor tempo, mas também não têm em conta as alterações que ocorrem durante o funcionamento dos produtos [15,16,17]. Pertencem normalmente à categoria de processos de corrida rápida ou processos de velocidade média. Apenas com uma mudança conhecida no nível de influências externas podem ser utilizados para resolver problemas de fiabilidade.

Estes exemplos mostram que diferentes ramos da ciência, agências e serviços estão envolvidos na protecção da vida humana enquanto tal. Cada um está preocupado com a protecção em termos do seu próprio interesse. Muito frequentemente, nestes casos, as realizações de outras ciências no domínio da protecção são ignoradas. Além disso, só uma abordagem sistemática do estudo da protecção (como campo separado e independente) pode desenvolvê-la como uma metodologia.

A fim de abordar as questões de uma forma holística, é necessária uma base científica fundamental profunda. Pode-se dizer que os problemas de protecção, incluindo as bases estatais, em situações de emergência precisam de ser estudados de forma centralizada e abrangente e subsequentemente desenvolvidos sob os auspícios de uma única ciência. Tal como os problemas de interacção estão agora a ser estudados por sinergia, os problemas de protecção devem ser estudados e desenvolvidos sob a égide. Por esta razão, tornou-se necessário compreender melhor as questões de protecção - por exemplo, o estudo das leis do envelhecimento, que revelam a natureza física das alterações irreversíveis que ocorrem nos materiais de um produto, é essencial para avaliar a perda de desempenho do produto. Embora as leis do envelhecimento estejam sempre relacionadas com o factor tempo, algumas delas não envolvem o tempo directamente, porque as dependências resultantes estão relacionadas com outros factores (como a energia), que por sua vez se manifestam ao longo do tempo. Tais dependências serão chamadas *leis de transformação*. Um exemplo típico das leis de transformação são as dependências que descrevem os processos de corrosão. É difícil elaborar leis que reflictam directamente as alterações da taxa de corrosão no tempo: em primeiro lugar, devido à polivariação dos processos de corrosão, quando um grande número de factores têm um efeito simultâneo e muitas vezes oposto na intensidade dos danos, e em segundo lugar, a corrosão pode não só estar distribuída uniformemente sobre a superfície do metal (por exemplo, sob a forma de película de óxido), mas também ter natureza local (corrosão local) ou aparecer sob a forma de corrosão intercristalina. As leis da termodinâmica química são utilizadas para avaliar a possibilidade e intensidade do processo de corrosão. A aplicação de leis físico-químicas para estimar a intensidade dos processos de corrosão química é uma abordagem típica da análise de fenómenos complexos de envelhecimento e fractura de materiais. Embora fosse desejável ter uma relação directa entre o curso temporal de um dado processo de envelhecimento e a selecção de soluções óptimas, a complexidade do fenómeno não permite que esta relação seja obtida nesta fase.

Portanto, são utilizadas leis físicas e químicas, reflectindo os aspectos mais essenciais do processo e indicadores pelos quais a intensidade do processo pode ser indirectamente julgada. *As leis de envelhecimento, que avaliam o grau de dano a um material em função do tempo, são a base para a resolução de problemas de fiabilidade.* Tornam possível prever o curso do processo de envelhecimento, estimar as suas possíveis realizações e identificar os factores mais significativos que influenciam a intensidade do processo. Um exemplo típico de tais dependências são as leis de desgaste dos materiais, que com base na revelação da imagem física da interacção das superfícies fornecem métodos para o cálculo da intensidade de desgaste ou do valor de desgaste em função do tempo e estimam os parâmetros que influenciam o curso do processo. Muitas leis temporais dos processos físico-químicos podem ser derivadas com base na consideração da cinética dos processos de termoactivação. Uma mudança nas propriedades dos sólidos ocorre como resultado de deslocamentos e reagrupamentos de partículas elementares (átomos, moléculas, electrões, prótons, etc.) e mudanças das suas posições na grelha de cristal. Isto refere-se àquela pequena fracção de partículas elementares, cuja energia excede um certo nível, que é chamada energia de activação Ea. Quanto maior for a taxa do processo, maior será o número de partículas com uma energia superior à energia de activação. Qualquer processo de envelhecimento surge e desenvolve-se apenas sob certas condições externas. Para avaliar os possíveis tipos de danos nos materiais das peças das máquinas, é necessário estabelecer a área de existência do processo de envelhecimento e, antes de mais nada, as condições em que este ocorre. Para que um processo ocorra, um nível predeterminado de tensões, velocidades, temperaturas ou outros parâmetros deve normalmente ser excedido. Este nível inicial ou limiar de sensibilidade é particularmente importante para processos de envelhecimento de acção rápida onde há um intenso desenvolvimento em forma de avalanche do processo após o seu início. Muitas vezes o limiar de sensibilidade está associado a algum nível de energia que determina o início de um determinado processo. Por exemplo, a energia de activação *Ea* define um nível de energia a partir do qual o processo de alteração das propriedades materiais pode prosseguir. O conceito de energia é a base da teoria da iniciação de fissuras em estruturas metálicas em tensões médias que permanecem abaixo da resistência à ruptura. Falhas causadas por causas comuns (falhas múltiplas) Uma falha múltipla é um evento em que vários elementos falham pela mesma razão. Tais causas podem incluir o seguinte:

– *falhas de concepção do equipamento* (falhas não identificadas na fase de concepção que conduzem a falhas devido à interdependência entre subsistemas eléctricos e mecânicos ou elementos de um sistema redundante);

– *Erros de operação e manutenção* (ajuste ou calibração incorrectos, negligência do operador, manuseamento incorrecto.

– *influências ambientais* (poeira, sujidade, temperatura, vibração, e condições extremas de funcionamento normal);

– *impactos catastróficos externos* (eventos externos naturais tais como inundações, terramotos, incêndios, furacões);

– *um fabricante comum* (equipamento ou componentes redundantes fornecidos pelo mesmo fabricante podem ter defeitos de concepção ou de fabrico comuns. Por exemplo, os defeitos de fabrico podem ser causados por selecção incorrecta do material, erros nos diagramas de montagem, soldadura de má qualidade , etc.);

– *alimentação eléctrica externa comum* (alimentação eléctrica comum para equipamento principal e de reserva, subsistemas ou elementos redundantes);

– *funcionamento incorrecto* (conjunto de instrumentos de medição incorrectamente seleccionados ou medidas de protecção mal planeadas).

São conhecidos vários exemplos de falhas múltiplas em centrais nucleares. Por exemplo, alguns relés de mola ligados em paralelo falharam ao mesmo tempo e as suas falhas foram causadas por uma causa comum; duas válvulas foram colocadas na posição errada devido à libertação defeituosa de acoplamentos durante a manutenção; várias falhas do painel de comunicação ocorreram devido à destruição de uma linha de vapor.

Em alguns casos, a causa comum não causa uma falha completa de um sistema redundante (falha simultânea de vários nós, ou seja, o caso limite), mas uma redução global menos grave na fiabilidade, resultando numa maior probabilidade de falha conjunta dos nós do sistema. que é também um mecanismo para proteger a eficácia das unidades de resposta de emergência em instalações industriais perigosas.

Todos os elementos de um sistema ou sub-sistema estão constantemente num estado de coerência e unidade mútuas. Numa abordagem generalizada da protecção, podemos propor agrupar tudo o que é protegido sob o conceito geral de "sistema". Por mais diferentes que sejam os próprios sistemas, tão diferentes devem ser os métodos e técnicas da sua protecção, mas o algoritmo e a metodologia de protecção podem geralmente ser levados, por assim dizer, a um denominador comum.

Em poucas palavras, concentremo-nos na formação da Protecto-Industries. Muitas mentes ilustres que trabalharam no desenvolvimento dos instrumentos e mecanismos de cognição para a humanidade e os seus problemas em diferentes países contribuíram grandemente para a formação e desenvolvimento da protecção como uma ciência. Estes são os fundadores dos conceitos modernos de física, química, biologia, medicina, direito e política. Note-se que qualquer ciência é um mecanismo de conhecimento da realidade ou, como o cientista escocês Minto William observou nas suas obras, "um instrumento de pensamento". O protectoindustrialismo, assim como as suas direcções separadas, é uma dessas ferramentas. Armar a humanidade com este mecanismo de cognição permitir-nos-á olhar para muitos fenómenos da perspectiva da protecção, para os avaliar, embora de uma forma completamente diferente, não habituada a eles, mas não menos útil.

Além disso, é justo dizer que, na nossa república, a fase actual do desenvolvimento deste ramo da ciência revelou-se muito útil para o desenvolvimento de uma série de ciências.

No processo de crescimento e à medida que a investigação científica se diferencia, há necessidade de construir um quadro global das ligações das disciplinas individuais. A necessidade de uma boa atribuição de recursos materiais, a organização de um sistema de aprendizagem para a formação adequada de uma visão do mundo científico, e o melhoramento do aparelho do conhecimento, exige uma classificação que satisfaça os requisitos básicos da comunidade científica.

O assunto são as leis comuns de protecção pró-industrial para instalações industriais metalúrgicas. A sua essência, objectivo e subsequente desenvolvimento.

Falando das características específicas das proto-indústrias, é necessário salientar o método de contramedidas desenvolvido e implementado na protecção dos sistemas industriais metalúrgicos.

O problema da classificação é um problema premente em muitos ramos da ciência, pois é um material conveniente para a análise metodológica. Mostra claramente a lógica do desenvolvimento dos problemas da própria ciência e a interacção desta ciência com outras, as suas formas espantosas e específicas. Neste caso, é necessário compreender os fundamentos da classificação, os seus critérios e atributos, que devem ser procurados na prática. É a prática que fornece a base para a percepção dos ramos individuais da ciência como objectos dignos de estudo independente. A emergência em vários países da ciência da segurança como uma ciência separada indica que a sociedade é obrigada a criar mecanismos especiais capazes de aumentar a sua estabilidade e fiabilidade de existência.

A segurança do processo tecnológico dos fornos a arco é uma questão complexa que requer abordagens específicas para a sua solução. Actualmente, existem características que requerem soluções sérias, tanto em termos de apoio técnico como de informação. Uma das mais urgentes é a presença de um grande número de estruturas e sistemas não relacionados que resolvem um problema estreito (Figura 2.10).

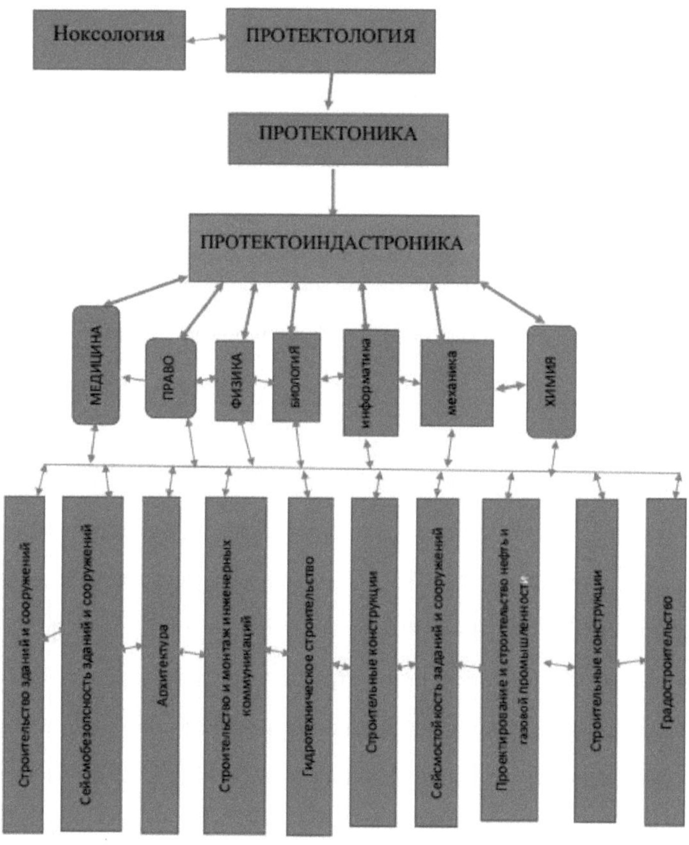


Figura 2.10 - Ligar a pró-indústria a outras ciências e disciplinas

Isto deve-se a factores históricos. No processo de desenvolvimento do sistema de controlo de processos nas lojas de MOF e COF, ao resolver tarefas individuais para garantir a segurança numa ou noutra área de controlo de fusão, houve a necessidade de utilizar certas ferramentas de automatização de hardware e software. Como resultado, acumulou-se um grande número de soluções locais, e surgiu a chamada "automatização em patchwork".

Uma reserva significativa para melhorar a segurança em instalações descontínuas consiste em combinar subsistemas de segurança individuais num sistema único, com várias camadas. A integração deve ter lugar em torno do elemento chave do sistema de segurança - o próprio forno de reflexão. O sistema de controlo e segurança multinível deve ser implementado como um conjunto de três complexos de hardware e software que interagem entre si.

Os acidentes industriais e catástrofes em instalações industriais perigosas são de dois tipos: acidentes (catástrofes) que ocorrem em instalações de produção não directamente relacionados com o processo de fusão (acidentes em fábricas, estações, etc.), e acidentes durante a fusão.

Na área dos terramotos, as instalações metalúrgicas estão expostas a destruição, danos e colapso. Para proteger tais instalações de perigos naturais, são utilizadas estruturas de engenharia apropriadas: galerias especiais e muros de contenção, estruturas de drenagem e de protecção de margens (valas, barragens, travessias, etc.). Os sistemas técnicos só se interligam devido à presença de uma ligação tão essencial como um ser humano.

A monografia trata das questões de avaliação de risco em instalações e infra-estruturas industriais perigosas, incluindo análise de risco, análise de vulnerabilidade e análise de danos. São dadas a classificação e as possibilidades de utilização de vários métodos utilizados na prática internacional para a avaliação de riscos em sistemas técnicos de vários ramos da economia.

A consideração conduzida das questões de gestão de risco mostrou que na concepção e implementação de conceitos, estratégias e programas de desenvolvimento técnico do WGHE é necessário avaliar a eficiência prevista do funcionamento e desenvolvimento da indústria e infra-estruturas da instalação, bem como os riscos estimados de eventos adversos que acompanham a sua reforma e funcionamento. Nesse caso, a eficácia real do funcionamento será determinada pela diferença entre o efeito económico e os riscos.

Ao planear quaisquer actividades numa OEP, deve ser feita uma avaliação dos efeitos positivos da sua implementação e do nível de risco para cada fase da implementação das actividades planeadas.

A análise dos níveis de riscos reais na implementação de actividades e a sua comparação com os níveis de riscos aceitáveis permitirá decidir razoavelmente, utilizando indicadores quantitativos, sobre a aceitabilidade ou, inversamente, a inaceitabilidade da implementação de certos projectos, sobre a direcção das suas revisões e ajustamentos que conduzam a uma redução dos riscos.

Em geral, a escolha dos métodos de avaliação de risco é determinada pelos seguintes factores principais: o perigo potencial do objecto da análise de risco; o perigo potencial e os danos durante a transição das condições normais (de rotina) de funcionamento de um sistema complexo "humano - objecto de infra-estrutura ou instalação de produção perigosa - ambiente vivo" para condições de emergência e catastróficas (não normalizadas); disponibilidade de informações determinísticas ou estatísticas iniciais sobre a realização dos riscos nas fases anteriores de funcionamento dos referidos sistemas

Para a análise de risco em sistemas complexos, devem ser geralmente utilizados métodos combinados, bem como várias modificações dos métodos aqui discutidos. Contudo, podem ser utilizadas abordagens diferentes para cada uma das componentes de risco na avaliação das interacções de risco.

Os métodos quantitativos de avaliação do risco são particularmente necessários quando a gravidade e a extensão dos danos são elevadas. Os métodos quantitativos permitem-lhe comparar medidas de segurança alternativas e determinar qual delas proporciona a melhor protecção.

Nos casos em que uma análise quantitativa completa não é possível devido à falta de informação (dados) sobre o sistema, as suas condições de funcionamento, possíveis falhas (acidentes), a influência de factores humanos, etc., uma classificação comparativa dos riscos quantitativos ou qualitativos por peritos (peritos bem informados na matéria) pode ser eficaz em tais circunstâncias.

Na fase de identificação do perigo e de avaliação preliminar do risco, recomenda-se a aplicação de análise qualitativa do risco e métodos de avaliação baseados em procedimentos estabelecidos, instrumentos específicos (questionários, formulários, questionários, instruções) e a experiência prática dos implementadores.

Os métodos considerados podem ser aplicados isoladamente ou em adição uns aos outros, e os métodos de análise qualitativa podem incluir critérios quantitativos de risco (principalmente baseados no julgamento de peritos utilizando, por exemplo, uma matriz de classificação de perigos ponderada por probabilidades). Uma análise de risco quantitativa completa deve fazer uso dos resultados da análise de risco qualitativa sempre que possível.

O procedimento de avaliação do risco para instalações de transporte ferroviário envolve uma análise sequencial dos perigos a que a instalação em questão está exposta, uma análise das vulnerabilidades da instalação em relação aos perigos identificados, e uma análise dos danos de acidentes realizados quando a instalação era vulnerável aos efeitos dos perigos.

Os méritos da abordagem da matriz de risco incluem a sua simplicidade, clareza e aplicabilidade a uma vasta gama de disciplinas de avaliação de risco. As matrizes de risco fornecem um sistema holístico de avaliação e documentação dos riscos diferenciais e fornecem recomendações preliminares para a definição de prioridades de medidas para abordar os diferentes riscos.

Uma matriz de risco pode ser utilizada para construir uma aproximação qualitativa de alguma escala de risco quantitativa (geralmente desconhecida). Para que esta aproximação seja correcta, a construção de matrizes de risco deve obedecer a uma série de requisitos, que na prática são por vezes bastante difíceis de cumprir. Através de uma matriz de risco é possível comparar correctamente apenas uma parte dos possíveis pares de riscos de eventos perigosos, uma vez que os riscos de dois eventos perigosos com valores quantitativos de risco diferentes, podem cair na mesma célula de uma matriz de risco.

A precisão da avaliação do risco utilizando matrizes de risco depende da natureza da distribuição conjunta dos valores de probabilidade e das consequências. No caso de uma correlação negativa entre estes valores, a exactidão da avaliação é significativamente reduzida e a utilização de matrizes de risco para a classificação dos riscos e a priorização de medidas de protecção torna-se problemática. Além disso, esta abordagem não permite ter em conta o custo das medidas de protecção e a eficácia das medidas destinadas a reduzir os riscos, ou seja, não permite a formação de uma estratégia óptima para a protecção do objecto. Como desvantagem das matrizes de risco também deve ser notada a influência da subjectividade na atribuição de escalas de probabilidade e consequências pelos peritos.

A protecção das instalações industriais e de infra-estruturas deve basear-se na gestão dos riscos associados à construção e funcionamento destas instalações e inclui acções para reduzir três factores de risco: os riscos naturais e de origem humana e os riscos terroristas a que estas instalações estão expostas; a vulnerabilidade das instalações a estes riscos; os danos causados pelos riscos nas instalações.

## Lista de referências

1. ISO/IEC 31010:2009 Gestão de riscos - Técnicas de avaliação de riscos. - 135 c.

2. IEC 62278:2002 (IEC 62278:2002) Ferrovias. Especificação e demonstração de fiabilidade, disponibilidade, capacidade de manutenção e segurança (RAMS). - 104 c.

3. Vetoshkin A.G., Razhivina G.P. Life Safety: Avaliação da Segurança Industrial. - Penza: Editora da Penza State Architectural Academy, 2002. - 172 c.

4. N.A. Makhutov, V.P. Petrov, R.S. Akhmetkhanov, D.O. Reznikov et al. Análise de Risco e Gestão de Segurança (Recomendações Metodológicas). MOSCOW: MGF. "Znanie" (em russo) 2008. - 134 c.

5. Makhutov N.A., Petrov V.P., Akhmetkhanov R.S., Reznikov D.O. et al. Força, recursos, capacidade de sobrevivência e segurança das máquinas. Librocom, 2008. - 565 c.

6. Makhutov N.A., Petrov V.P., Akhmetkhanov R.S., Reznikov D.O. et al. Factor Humano nos Problemas de Segurança. Moscovo: MGF "Znanie", 2008.

7. Makhutov N.A., Petrov V.P., Reznikov D.O. Avaliação da capacidade de sobrevivência de sistemas técnicos complexos // Problemas de segurança e emergências. - M.: VINITI, 2009, №3. - C. 47-66.

8. Makhutov N.A., Petrov V.P., Reznikov D.O., Kuksova V.I. Identificação de parâmetros de definição de ameaças, vulnerabilidade e segurança de instalações críticas em relação às ameaças prevalecentes de natureza natural, humana e terrorista // Problemas de Segurança e Emergências. - MOSCOVO: VINITI, 2008, № 2. - C. 70-77.

9. Makhutov N.A., Petrov V.P., Reznikov D.O., Kuksova V.I. Garantir a segurança das instalações críticas com base na redução da sua vulnerabilidade // Problemas de Segurança e Emergências. - M.: VINITI, 2009, NO.2. - C. 23-30.

10. Makhutov N.A., Reznikov D.O. Avaliação da vulnerabilidade dos sistemas técnicos e o seu lugar no procedimento de análise de risco // Problemas de análise de risco. Vol. 5. - 2008. - № 3. - C. 76-89.

11. Recomendações metodológicas sobre a avaliação de danos resultantes de acidentes em instalações de produção perigosas. RD 03-496-02, M., 2002. -102 c.

12. Makhutov N.A., Reznikov D.O., Petrov V.P. Avaliação de risco de acidentes no KVO tendo em vista a possibilidade de realização de danos extremos // Problemas de segurança e situações de emergência. - M.: VINITI. 2008. - C. 45-51.

13. Shoigu S.K., Vladimirov V.A., Vorobyov Y.L., Shakhramanyan M.A. Segurança da Rússia. Protection of Population and Territories from Natural and Man-made Emergencies, Moscow State Pedagogical University 'Znanie', 1999. - 205 c.

14. Makhutov N.A. Força e Segurança. Investigação Fundamental e Aplicada. Novosibirsk. Nauka. 2008. - 522 c.

15. Baker J., Schubert M., Faber M. Sobre a avaliação da robustez. Segurança Estrutural 30 (2008). Pp. 253-267.

16. Agarwal J. Vulnerabilidade e Robustez Estrutural. Departamento de Engenharia Civil, Universidade de Bristol, Bristol BS8 1TR, Reino Unido. Segurança Estrutural 15 (2008). Pp. 53-67.

17. L.Cox. O que há de errado com as matrizes de risco. Análise de risco. Vol. 28. N2, 2008. Pp. 497-511.

18. L.Cox. O que há de errado com os sistemas de classificação de risco? Análise de risco. Vol. 29. N9, 2009. Pp. 940-948.

19. Cox, L. A. Jr., Babayev, D., & Huber,W. Algumas limitações dos sistemas de classificação qualitativa dos riscos. Análise de Risco, 25(3), 2005. Pp. 651-662.

20. Varfolomeev A.A. Information Risk Management. - M.: RUDN, 2008. - 158 c.

21. A segurança da Rússia. Aspectos jurídicos, sócio-económicos e científicos e técnicos. Funcionamento e desenvolvimento de complexos sistemas nacionais de economia, técnicos, energéticos, de transportes, de comunicações e de comunicações. Secção Um. Moscovo: ICF Znanie, 1998. - 448 c.

22. Gorsky V.G., Motkin G.A., Petrunin V.A., Tereschenko G.F., Shatalov A.A., Shvetsova-Shilovskaya T.N. Aspectos científicos e metodológicos da análise de risco de acidente. - Moscovo: Economia e Informática, 2002. - 260 c.

23. Makhutov N.A., Kryshevich O.V., Pereezdchikov I.V., Petrov V.P., Tartashov N.I. Características de aplicação de métodos de análise de perigos de sistemas homem-máquina-ambiente baseados em conjuntos difusos // Problemas de segurança em situações de emergência. Vol. 1, 2001. - C. 99-110.

24. Instruções metodológicas sobre a realização de análises de risco de instalações de produção perigosas RD 03-418-01. Aprovado pela Resolução n.º 30 de Gosgortechnadzor da Federação Russa, datada de 10 de Julho de 2001.

25. Norma Empresarial. Orientações Metodológicas para Análise de Risco de Estruturas Hidráulicas.STP VNIIG 210.02.NT-04.

26. Akimov V. A., Lapin V. L. L., Popov V. M., Puchkov V. A., Tomakov V. I., Faleev M. I. Fiabilidade dos Sistemas Técnicos e Risco Tecnogénico. - Moscow: ZAO FID "Delovoy Express", 2002. - 368 c.

27. Samokhvalov V.P., Borisova D.A., Materikina S.S., Inchina E.V. Modelo de Procedimento FMEA Moderno // Mecânica e Engenharia. - 2010. - №4. - C. 817-822.

More
Books!

info@omniscriptum.com
www.omniscriptum.com
OMNIScriptum

Printed by Books on Demand GmbH, Norderstedt / Germany